KB142677

환경화학

이동석 지음

Environmental Chemistry

21세기사

머리말

환경(Environment)은 사람을 포함한 생물 단위와 거기에 영향을 끼치는 요소들이 모여 있는 체계이자 그것들이 상호 작용하는 과정을 아우른다. 인류의 역사는 환경 속에서 진행하고 있으나 환경의 변화가 인간에 의해서만 나타나는 것은 아니다. 태초부터 자연적인(Natural) 변화는 늘 있어왔지만, 오늘날 우리가 환경에 관하여 큰 관심을 기울이게 된 것은 인간 활동에 의한(Anthropogenic) 환경 변화의 속도가 자연적 회복 속도보다 더 빠르거나 경우에 따라서는 회복이 불가능할 수 있음을 심각하게 인지했기 때문이다.

환경 화학은 자연적 환경 변화 혹은 인간 활동에 따른 환경 조성 물질의 화학 반응과 상태의 변화를 설명하고 그 변화로 인해 생기는 문제에 대응 할 수 있는 방안을 고려하는 학문이다. 이는 인류가 소망하는 삶의 질을 지속하는 데 필요한 과학 기술 발전과 환경에 대한 사고를 확장하는 데 기여하는 것을 포함한다.

이 책은 환경에서 우선적으로 고려해야 할 문제에 대한 질문으로 시작한다. 환경 주제는 물, 공기, 토양과 같이 그 속에 존재하는 물질이 이동하는 매질의 변화를 생각하거나 생물종 다양성, 오존층, 기후 변화와 같은 과학적 증거에 따른 주제 그리고 인구, 자원, 빈곤 문제와 같이 환경 구성 요인들의 상호 작용에 따른 변화를 다루었다. 환경 주제는 매우 다양하므로 책은 저자의 생각을 강요하는 것이 아니라 여러분들이 스스로 생각하고 제안하기를 강요한다.

이어서 환경 이해의 화학적 기초 도구로써 원소의 구성과 물질의 반응 그리고 유기화학의 기본 내용을 기술하였다. 환경화학의 선수 과목으로서 대학 일반화학 학습은 환경의 화학 과정을 이해하는 데 큰 도움이 되지만, 그렇지 않은 경우에도 환경 문제 속에서 화학 관련 내용을 찾아 단위별 기초 화학 학습을 지속함으로써 학습 역량을 키울 수 있다.

한편 환경의 권역 구분에 따라, 대기권과 수질 그리고 토양 환경에서 중요한 역할을 하는 물질과 그의 반응 그리고 나타나는 현상의 원인과 영향 등을 다루었다. 이 책의 주제와 관련 내용들을 학습함으로써 환경 변화를 정확히 이해하고 그 과정을 잘 설명할 수 있는 환경 화학적 지식을 갖춰 나갈 것으로 기대한다. 책의 목적은 인류가 마주하는 다양한 환경 문제에 대해 스스로 생각하고 자신의 고유 의견을 제시할 수 있는 역량을 키우는 것 이기도하다.

이제까지 경험한 환경 문제 뿐 아니라 앞으로 나타날 새로운 환경 변화를 화학적 관점에서 고찰하고, 인류 생존 공간의 지속적 보존과 그를 위한 과학 기술 개발에, 환경 관련 분야 전공 학습자와 전문가들의 역할이 더 커지는 시기이다. 이 책도 그 과정에 함께 하고자 한다.

2023년 2월
봄(春)내(川)의 연구실에서
지은이 씀

목 차

3장 대기권 화학   95

6장   환경 이해의 도구 (3) – 유기화학   217

1장

지구환경

1.1 환경에 관한 생각

　오늘날 우리가 대기 오염, 수질 오염, 토양 오염 등에 관하여 보고 듣고 직접 겪는 환경 문제들은 매우 다양하다. 그 가운데에는 기후 변화, 오존층 파괴, 산성비, 해양오염, 화학물질 배출과 확산 등을 포함하여 지구 환경을 바꾸고 생물계를 위협하는 많은 현상이 속하며 이들은 지속적으로 나타난다.

　적극적인 환경론자들은 환경오염을 비롯한 지구의 지속적 변화에 주목하면서, 현재와 같은 상황을 방치하면 머지않아 지구는 더 이상 사람이 살 수 없는 곳이 될 수도 있다고 경고하고, 그들 중에서는 수십 년 내에 치명적 위기에 이를 것이라는 매우 비관적인 예견을 하는 학자들도 있다. 한편 이와는 달리 환경론자들이 통계를 부풀려 해석하거나, 위기의식이 필요한 환경 단체나 운동가들이 언론과 합작해 이룬 과장 이라는 회의론자들도 있다.

　이러한 환경 문제는 기본적으로 인간이 삶에서 무엇에 우선 가치를 두는가에 대한 논제 일 수 있다. 우리가 어떤 세계에서 살아갈 것인 지 각 개인이 생각하고 행동하는 데 따라 지구 위의 환경은 달라질 것이다.

　그렇다면 지구 환경 문제에 대한 당신의 생각은 어떻습니까?

　비관론을 앞세우는 학자들의 주장처럼, 그렇게 되리라고 믿고 싶지 않으며 또 그렇게 되도록 내버려 두어서도 안되겠지만, 무엇이 그러한 염려를 불러일으키는

지 생각해 보는 것은 환경 문제를 이해하고 해결 방안을 모색하는 시작이 될 수 있을 것이다. 우리가 살고 있는 지구의 환경문제에 관한 여러가지 주제를 생각해 볼수 있는데, 주제의 선정과 중요도 혹은 우선순위 등은 각 국가나 지역 혹은 개인에 따라 다를 것이며, 한 주체 내에서도 관심과 이익에 따라 다양한 논의가 이어질 수 있다. 아래의 주제들은 환경에 관한 수많은 생각들 중에서 주관적으로 선정할 수 있는 몇 가지 예들이다.

1.1.1 빈곤

굶주림은 얼핏 생각하면 환경문제와는 거리가 있는 듯이 느껴진다. 그러나 넓은 의미에서 혹은 근본적인 인간의 삶과 관련해서 만성적인 기아는 지구 환경 문제의 핵심 중 하나이며, 우리에게 잘 알려진 아프리카의 몇몇 국가만의 문제가 아니고 아시아와 남미의 많은 국가들뿐 아니라 소위 선진국에서도 계층간 혹은 지역에 따라서도 기아 현상 문제가 나타난다. 인구과잉 문제가 세계 기아문제 발생의 주요한 원인이라고 볼 수 있으나, 이는 식량생산 등 농업이나 산업 발전과도 밀접하게

관련되어 있다. 무엇보다 여러가지, 전 지구적인 정치적, 경제적 혹은 사회적 원인 등으로 인하여 기아 문제 해결이 앞으로도 쉽지 않고 미래에는 더 심각해질 것으로 보인다.

빈곤은 가장 큰 환경오염원입니다 - Indira Ghandi

매년 6월 5일은 '세계 환경의 날(World Environment Day)'로 우리나라도 1996년부터 법정기념일로 지정하고 해마다 정부 차원의 기념행사도 열고 있다. 환경의 날이 6월 5일로 정해진 것은 1972년 6월 5일부터 16일까지 스웨덴 스톡홀름에서 열렸던 '유엔 인간 환경 회의(United Nations Conference of the Human Environment)'를 기념하기 위한 것이다. 스톡홀름회의라고도 부르는 이 회의는 113개 나라 정부 대표단이 참가한(당시 분단국가로 UN 가입이 되어 있지 않던 대한민국 대표단도 참가하였다.) 세계 최초의 국가 차원 국제 환경 회의이기도 하다.

환경문제가 범인류적인 문제라는 인식을 공유한 이 회의에서 채택된 선언문에는 '인간 환경의 보호와 개선은 인류의 행복과 범세계적인 경제 발전을 위한 중요한 문제'라는 것이 명시되어있다. 또한 회의를 계기로 중요한 유엔 산하 환경 전문기관인 유엔환경계획(UNEP: United Nations Environment Programme)이 설립되는 등 '스톡홀름 회의'는 환경에 관한 역사에서 중요한 이정표가 되었다.

한편 해마다 세계환경의 날은 새로운 주제(Slogan on World Environment Day)를 공유하며 기념하는데, 1972년 스톡홀름회의의 주제는 "Only One Earth"이었고, 2023년 주제는 "Protect Earth, Restore our Future"이다. 환경의 날 주제를 살펴보며 환경 관련 전문가들의 인류를 위한 생각을 공유해볼 수도 있다.

단위: 달러 ($)

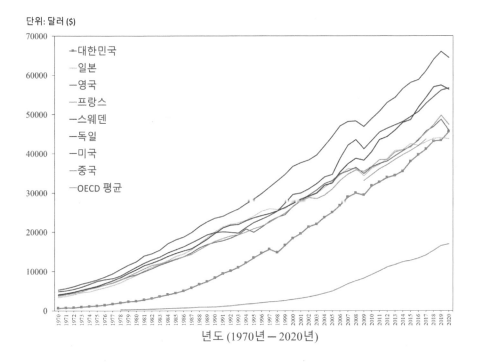

년도 (1970년－2020년)

〈그림〉 우리나라와 주요국의 1인당 명목 국민총소득 변화(1970년부터 2020년까지)
* 출처 : 국가지표체계 누리집
  https://www.index.go.kr/unity/potal/indicator/PotalldxSearch.do?idxCd=4221&sttsCd=422102,
* 자료 : OECD, 「https://data.oecd.org, Gross National Income」 2022. 4

1972년 스톨홀름에서 개최된 세계 최초의 대규모 국제 환경 회의에서 여성 정치인인 인디라 간디(Indira Gandhi)는 '빈곤이 가장 큰 환경오염원'이라고 하였다. 이 정치적 표현이 지나치게 포괄적이고 어느 정도 과장되었다고 할 수 있지만, 무엇보다 개발 도상 국가에서 발생하는 환경문제가 삶의 빈곤 문제와 연결될 수 있다는 주장은 오늘날에도 설득력을 갖고 있다. 여전히 빈곤이 의심의 여지 없이 오염이나 보존과 같은 환경 관련 논의에서 가장 중요한 주제라고 할 수 있다.

환경보호에 관하여 오래전부터 받아들여지기 시작한 자원보존과 지속 가능한 발전을 지향하는 경제 모델은 논쟁을 필요로 하지 않는 환경문제 대응 방식으로 여겨지고 있다. 그에 따른 자원과 에너지 집약적 생산과 소비 활동 등 다양한 변화가 진행되고 있다. 인류를 생각하면서 한정된 자원을 절약하자는 전 지구적인 환경 행동은 어떤 대가를 치르더라도 성장 발전만을 위한 효율 지상주의에 대한 변화를 고려해야 함을 의미하는 것일 수 있다. 지속 가능한 발전 주장에는 늘 빈곤퇴치의 중요성이 포함되곤 한다. 개발도상국의 환경 오염이나 환경보호 문제를 논의하는 되는 언제나 다양한 경제적 관점이 포함되어 있다.

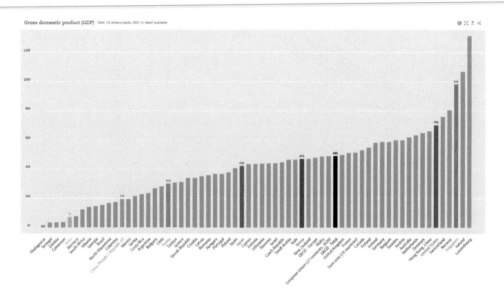

〈그림〉 2021년 국가별 1인당 GDP
(숫자 표시 국가는 오른쪽부터, 싱가포르, 미국, OECD평균, 대한민국, 일본, 러시아, 중국, 인도),
* 출처: OECD (2023), Gross domestic product (GDP) (indicator). doi: 10.1787/dc2f7aec-en
(Accessed on 14 February 2023)

선진국들이 전 지구적 차원에서의 환경보호 논의를 이끌고 엄격한 환경규제를 요구함으로써 개발도상국의 빈곤 극복에 의도적인 부담을 증가 시키는 건 아닌지, 개발도상국의 환경보호 개선을 위한 빈곤 감소 노력은 적당한지 등에 대한 논의가 여전히 지속되고 있다.

한편으로 빈곤 감소와 환경 문제 해결은 서로 상반되는 일만은 아니라는 과학적 분석이 있음은 긍정적인 측면이다. 여전히 공평하고 지속 가능한 발전에 대한 논의는 어느 때보다 치열하지만, 빈곤 문제와 환경문제 개선의 가능성을 찾아가고 있다. 거기엔 오직 협력이라는 전제, 즉 이웃 간, 사회 계층 간, 지역 간, 국가 간, 서로 이해하고 배려하는 노력이 전제될 때 목표를 함께 달성할 수 있다는 것이다. 이는 다시 말하면 안타깝게도 '공짜는 없다'는 것이다. 궁극적으로 문제를 해결하거나 아니면 빈곤과 환경, 결국 인간 삶의 고통을 지불해야 하는 것이다.

빈곤과 환경의 연관성에 대한 자신만의 고유 의견을 정리해보자.

중요한 환경 주제의 하나인 빈곤에 대하여 그 정의를 생각해보고, 빈곤에 관한 자료를 찾아보고 빈곤의 다양한 원인과 빈곤이 환경에 미치는 결과 및 그에 대응책을 생각해봄으로써 환경 관련 전문가로서의 활동 영역을 확대할 수 있다.

첫 번째 자료는 실질적으로 환경을 주제로 한 첫 국제회의라고 할 수 있는 스톡홀름 회의에서 빈곤과 환경에 대해 기조 연설한 인디라 간디에 대한 서적을 발췌한 글이다.

두 번째 자료는 빈곤과 환경의 상관관계를 현장에서 생생히 경험하고 행동하는 단체에서 만든 자료이다.

세 번째 자료는 제2차 세계 대전 이후 식민지를 벗어나 독립한 국가들이 중심이 되어 발족한 UN기구인 아시아 태평양 경제 사회 위원회 (UNESCAP: United Nations Economic and Social Commission for Asia and the Pacific)에서 발간한 자료로 지정학적 관점에서의 빈곤뿐 아니라 여러 환경 분야에 대해 기술한 자료이다.

빈곤 문제는 인간적인 삶에 대한 고찰의 핵심이다. 환경에 대한 관심으로 빈곤 문제를 논의하는 우리도 각자 자신의 관점에서 빈곤과 연관된 환경문제에 대해 생각해보고, 다양한 관련 자료들을 직접 탐구하면서 필요한 지식과 역량을 확대해 나갈 수 있을 것이다.

(1) https://thewire.in/books/indira-gandhi-nature-pollution, "Poverty Is the Greatest Polluter: Remembering Indira Gandhi's Stirring Speech in Stockholm"
(2) https://www.worldvision.org.nz/getmedia/26362f6f-eb18-47a7-a1dd-a6c33 c38bfd7/topic-sheet-poverty_and_the_environment/, "Poverty and Environment"
(3) https://www.unescap.org/sites/default/files/CH09.PDF, "Chap 09: Poverty and Environment: Status and Trends"

1.1.2 물

깨끗한 물(Water)은 보호해야할 중요한 원천 자원임을 잊지 말아야하고, 물을 한정 자원으로 여기며 사용량을 절약하기 위한 다양한 방안을 항상 고려해야 한다. 또한 물의 순환은 기후와 지형적인 요인 등 자연에 의한 영향도 매우 크기 때문에 전 지구적인 환경 문제와 관련이 있다. 물은 인간이 삶을 영위하는 필수 영양 물질 일 뿐 아니라 자연생태계와 농업 축산업 등 인간 생활을 지탱하는 모든 산업의 뿌리이다. 물은 사용과 동시에 처음의 상태를 벗어나게 되므로 물에 관한 관리는 매우 중요하다.

물(Water)은 생명의 근원이다.

안타깝게도 시간이 흐르면서 환경에 대한 관심과 환경오염에 대한 염려가 점점 줄어드는 듯하다. 그중에서도 지구상의 모든 인간과 생명체에 결정적 영향을 끼치는 수질 오염(Water Pollutant)의 위험성은 늘 존재하고 지역에 따라 증가하는 환경문제이다. 물이 생명의 근원이라고 한다면 이보다 더 우선적으로 언급할 중요한 환경 주제를 찾기란 쉽지 않다.

어떤 사람들은 수질 오염은 인간 활동에 따른 필연적 결과이므로 어쩔 수 없다고 얘기한다. 기본 생활 즉, 필요한 물건을 수급하는 농업, 생산 활동, 교통수단, 에너지 이용 등만 생각해도 오염 발생은 쉽게 예측할 수 있으므로 어느 정도 감수할 수밖에 없다는 주장이다. 하지만 그들도 그것이 사실이고, 그래서 우리는 할 수 있는 일이 없다고 생각하지는 않는다. 생명의 필수 자원인 '물' 문제이기 때문이다.

수질 오염은 인간과 환경의 건강과 지속 가능성에 직접 관련된 주제이다. 수질 오염은 수자원의 출처와 분포 수역에 오염물질이 유입된 상태이며, 오염 발생은 먹고, 마시고, 청소하는 가정에서부터 농업, 공업 등이 산업 활동과 수영 등과 같은 여가활동에서도 발생한다. 오염물질은 다양한 종류의 화학물질이나 박테리아와 같은 화학적 혹은 생물학적 요인이 직접 유입되거나, 토양권이나 대기권과 같은 인접 환경의 영향에 따르기도 하고 폐기물 유입과 같이 다른 추가 요인에 의해서 가중될 수도 있다. 수질 오염이 인간에게 끼치는 영향으로 질병의 발생과 확산을 얘기하고 중요 환경의 주요 용매로서 물이 독성물질을 생태계에 이동 확산시키는 것은 잘 알려진 사실이다. 인류의 역사와 함께 수질 오염의 역사가 시작되었다 할 수 있는 자료들도 많이 알려져 있다.

수질 오염의 원인은 지각 활동과 같은 자연적인 원인도 있지만, 인간 활동에 따른 인위적인 원인이 주된 것으로 여겨진다.

수질 오염의 발생원인과 이동은 물의 순환과 연계된다. 태양에너지에 가열된 지구의 물은 증발하여 대기권으로 이동하고 상층 주변으로 확산되면서 대기권 입자와 구름을 형성하였다가 계절이나 지리적 위치에 따라 비나 눈 형태의 강하물이 되어 내린다. 지상에서 물은 다시 식물권을 통해 여과 정화되기도 하지만 농업과 공업 등 인간의 산업 활동이 자연적인 물 순환에 포함되면서 수질 오염이 나타나게 된다.

환경학에서 수질 오염의 형태는 다양하게 분류할 수 있지만, 무엇보다 먼저 인류의 경제활동과 관련한 농업, 축산업, 제조 공업, 산림벌채와 같은 임업, 해운업과 수산업 등의 대규모 산업들을 들 수 있다. 그리고 해양 플라스틱 오염과 같이 다른 환경 오염물질이 원인이 되기도 하고 지구 온난화 혹은 기후 변화에 따른 가뭄과 폭우 등 다른 환경변화 요인이 수질 오염을 일으키거나 심화시킬 수 있다.

이러한 오염 요인들로 인하여 깨끗하고 안전한 수자원을 확보하는 것이 쉽지 않다. 오염되었다면 오염된 물로 할 수 있는 것은 무엇일까. 또는 오염된 물을 처음 상태로 되돌릴 수 있을까 '물의 순환'이 화학반응에서와 같이 가역적이 될 수 있을까? 안타깝게도, 적어도 인간의 시간 척도에서는 영원히 돌이킬 수 없는 것으로 여겨지는 수질 오염도 있다. 장주기 방사성 핵종이나 생물학적 혹은 유전학적 오염으로 인하여 처음 상태로 돌이킬 수 없는 비가역적 오염 상태가 있다. 그러나 한편으로는 많은 수질 오염은 인간이 그 수질 오염에 대응할 수 있거나 오염물질 제거 등을 통한 수질 개선을 실행할 수 있음은 다행이다

수질 오염에 대한 인터넷 자료 조사에서는 관련 키워드만으로도 많은 자료를 비교적 쉽게 찾을 수 있다. 첫 번째 자료는 환경에서뿐 아니라 거의 모든 분야와 다양한 주제어에 관한 인터넷 지식백과 사전이라고 할 수 있는 'Wikipedia'에서 설명한 수질오염에 관해 기술한 것으로 짧은 개론을 경험할 수 있다. 환경 뿐 아니라 다양한 다른 주제에 대해서도 지식을 공유하기 위해 검증된 전문가들이 참여하는 공간이므로 지식 확대에 유용한 공간이다.

두 번째 자료는 잘 알려진 세계적 여론 조사 기관인 '갤럽(Gallup)'에서 발간한 자료로 환경 주제로서의 '수질 오염'에 대한 미국인의 관심도를 살펴 볼 수 있는 자료이다. 우리나라의 경우는 어떨까 생각하며 수질오염에 관해 생각해 볼 수 있는 자료이다.

(1) https://en.wikipedia.org/wiki/Water_pollution, "water Pollution"
(2) https://news.gallup.com/poll/347735/water-pollution-remains-top-envi-ronmental-concern.aspx, "Water Pollution Remains Top Environmental Concern in U.S"

1.1.3 대기오염

산업 발전은 여러 환경오염을 더욱 더 가중시키는 데 그 중에서도 인간의 호흡과 관련한 대기 환경 문제는 매우 심각하다. 대기 오염(Air Pollution)은 배출 가스 관리가 소홀한 개발도상국가에서 더 심하지만, 이미 산업화된 국가들이 발전 과정에서 배출한 대기 오염물질이 누적된 문제도 있다. 특히 대기 오염은 배출 장소에 국한되지 않고 국경을 넘나드는 확산 특성으로 인하여, 오늘날 깨끗한 공기에 관한 문제는 국가간 혹은 전 지구적인 차원에서 관심과 우려가 증가하고 있다.

대기 오염이 심하다고 숨쉬기를 멈출 수는 없다.

그 무엇보다도 인간의 건강이나 수명에 직결된 대기 오염은 현재 전 세계적으로 가장 중요한 환경문제 중 하나이다. 지리학적 요인에 따라 주변 국가의 환경에 민감한 우리나라도 황사 현상을 비롯하여 온 국민이 겪게 되는 여러 대기 오염문제들을 시급한 국가 현안 과제로 다루고 있다.

특히 인구가 집중된 대도시에서 교통 문제에 따른 대기 오염이 심각하며, 이 문제는 공기 매질을 통한 이동과 확산에 의해 국지적인 문제를 벗어나 주변국과 전 세계에 공동의 염려를 일으킨다.

대기 오염은 정상조건의 대기권 즉, 78 %의 질소, 21 %의 산소, 0.9 %의 아르곤과 0.05 %의 이산화탄소를 비롯하여 일정한 비율의 미량 기체로 이루어진, 인간의 건강과 안정된 생태계를 유지할 수 있는 대기 상태에 인간 활동에 의해 발생된 물질이 추가적으로 유입되어 변화를 나타내는 것이라 할 수 있다.

일반적인 대기 오염 발생원을 몇 가지 살펴보면 다음과 같다.

공업의 경우 소비재 제조업과 광업 또는 제철소와 석유, 비료, 제약과 같은 화학 산업 분야, 농업의 경우 메탄과 암모니아 발생원인 농업 중에서도 가축 사육에서의 메탄 발생은 기후 변화 문제와도 밀접하게 관련된다.

교통수단에서 육상, 해상 교통과 항공 산업에서의 배기가스 문제와 타이어 미세 플라스틱 등이 발생하고 가정에서도 냉·난방 문제와 전기·전자제품 사용에 필요한 에너지 소비 증가는 곧 대기 오염 문제와 직결된다.

다음은 오염 발생원에서 배출되는 대표적인 오염물질들이다.

오존은 산업적으로는 전기 방전이나 고에너지의 방사선에 생성되고, 대류권에서는 도시 지역 등에서 이차오염물로 생성되는 강한 산화력을 갖는 물질로 호흡기 질환 유발 등 인간 건강에 영향을 끼치는 물질이다.

질소산화물은 모든 연소과정에서 대기권의 질소가 일산화질소(NO), 이산화질소(NO_2) 등의 물질이 생성되고 농업에서의 발생량도 크며, 인간에게뿐 아니라 식물 생장과 수확에도 부정적인 영향을 끼친다.

황산화물은 석탄이나 석유 등 화석연료에 함유된 황이 연소과정에 따라 배출되는 물질로 산업체와 가정에서도 발생할 수 있으며, 많이 개선되기는 했으나 여전히 발생되는 황산화물은 '산성비(Acid Rain)' 등의 원인이 될 수 있다. 일산화탄소는 탄소를 함유한 연료의 불완전 연소에 따른 생성 물질로 도로 교통 상황에서 그리고 가정의 보일러에서도 발생할 수 있는 생리적 특성이 큰 기체이다.

미세먼지는 현재 전 세계적인 관심 물질이며, 우리나라에서도 집중적으로 관리하는 대기오염물질이다. 크기에 따라 분류하여 측정하고 고지하며 관리하고 있는데, 입자의 최대 지름이 10 ㎛ 인 것을 PM10, 지름이 2.5 ㎛ 이하인 것을 PM2.5 으로 구분한다.

이러한 대기오염물질에 의한 일반적 영향중에서 인간의 건강에 대한 영향들은 호흡기 질환과 심혈관 질환을 일으킬 수 있는 것으로 알려져 있고 그에 따라 추가적인 사망률 증가가 예견되거나 기대수명감소 등이 논의된다.

자연생태계에 대한 영향은 질소산화물이 식물 잎 생장을 방해하고 토양에도 영향을 끼쳐 토양에 의존하는 생명체에 위협이 되고 농업 경제에 부정적 결과를 나타낼 수 있다. 황산화물이나 질소산화물은 대기 중 수분과 화합하여 산성 물질을 생성하고 토양을 과도하게 비옥화 시킬 수 있는 등 여러 유해 요인이 될 수 있다.

입자상 물질의 증가는 기후에도 영향을 끼칠 수 있는 대기오염물질이다. 이와 같은 인간과 환경에 대한 영향은 결국 농작물 작황 변화나 건물 손상을 일으키고, 의료비용 증가나 심리적 정신력 변화 등으로 단기적으로나 장기적으로 경제와 사회에 다양하고 심각한 문제를 일으킬 수 있다.

첫 번째 자료는 미국 환경청(EPA: Environmental Protection Agency) 자료를 소개하였다. 미국은 전 세계에서 가장 먼저 환경문제를 국가 차원에서 관리하기 시작한 국가 중 하나로 환경 조사, 연구로 축적된 자료는 환경관련 종사자들에게는 중요한 정보 창고이기도 하다.

두 번째 자료는 대기 오염을 일반인도 쉽게 읽을 수 있게 작성한 'National Geographic'의 입문 자료인데, 이 잡지의 특성인 독자적인 사진 게재로 보는 즐거움을 함께 느끼며 내용을 읽을 수 있다. 이 잡지는 대기 오염 이외에도 다른 자연 환경이나 기타 주제에 대해서도 사진과 함께한 다양한 글을 소개하는 데, 이 잡지는 영어나 다른 외국어판 외에 한글판도 발간되므로, 인터넷에서 뿐 아니라 대학이나 공공 도서관 등을 직접 방문하면서 매월 종이 잡지 속의 사진과 글을 경험하는 방법 또한 추천하다

(1) https://www.epa.gov/clean-air-act-overview/air-pollution-current-and-future
    -challenges, "Air Pollution : Current and Future Challenges"

(2) https://education.nationalgeographic.org/resource/air-pollution, "Air Pollution"

1.1.4 폐기물

사회가 발전하여 경제 규모가 커질수록 인간의 소비 욕망은 증가하고 그에 따라 폐기물(Waste) 발생량도 늘어난다. 자원 절약과 환경 보호를 위해 리싸이클링(recycling))으로 이루어지는 체계적인 자원 활용도 넘쳐나는 쓰레기 발생 문제를 근본적으로 방지하기엔 역부족이다. 자원의 개발, 이용, 재사용등으로 이어지는 전 과정에 대하여 사려깊게 생각하면서 폐기물의 감소, 처리 및 처분에 대한 많은 연구가 필요하다.

폐기물발생은 어쩔 수 없는 생활의 일부분일까.

국가나 사회의 경제활동 규모가 증가하고 개인의 삶이 윤택해질수록 소비의 규모도 커진다. 그리고 의류나 스마트폰과 같은 예에서 보듯이 소비제품의 사용 기간이나 교환주기가 짧아지면서 더 많은 폐기물이 발생하고 이는 곧 사람의 건강이나 환경에 유해한 요인을 내포하고 있다.

인간의 개인이나 산업 활동에 따라 발생하는 폐기물은 그 종류가 무수한 것처럼 환경에 끼치는 영향도 매우 다양하여 폐기물 발생은 어느 나라도 예외 없이 전 세계적으로 중요한 환경문제의 하나라고 할 수 있다.

그 예로 플라스틱 폐기물은 현대인의 생활과 밀접하게 연계된다. 플라스틱 폐기물이 바다 동물의 생명을 위협하거나 투기된 폐기물이 모여 태평양 어딘가에는 플라스틱 섬이 생성되었다는 언론의 소식을 접하는 것이 이제 낯설지 않다.

생활용품 생산에 유용한 플라스틱의 특성에 따라 1950년대 이후 급격히 증가한 생산량은 해마다 전 세계에서 수억 톤씩 생산되며(2021년 3억 9000만 톤, 인용: Statistica 2023) 그중 30 % 이상은 포장 용도로 이용된다.

OECD(Organization for Economic Cooperation and Development) 보고에 따르면 발생하는 플라스틱의 9 %만 재활용 된다(재활용을 위한 수거율은 15 %이지만 그 중 약 40 %는 다시 폐기된다.). 그리고 소각이 19 %, 매립이 50 % 이며, 나머지 22 %는 폐기물 관리 체계를 벗어나 통제되지 않은 채 불법 투기나 무단 소각 또는 폐기물 상태 그대로 토양이나 수질 환경에 유입되는데, 특히 빈곤 국가에서의 문제가 더 심각할 수 있다.

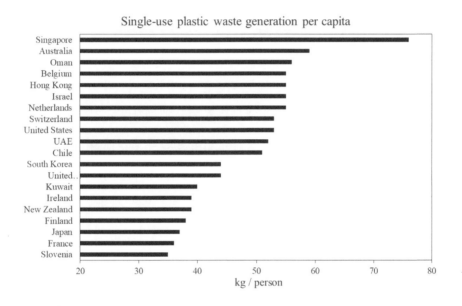

Single-use plastic waste generation per capita

〈그림〉 한 사람당 1회용 플라스틱 폐기물 발생량이 많은 국가들의 2019년 자료
* OECD평균, 대한민국, 일본, 러시아, 중국, 인도),
* 출처: https://www.statista.com/statistics/1236953/single-use-plastic-waste-generation-per-capita-worldwide

2019년 한 해 동안 수질 환경에 유입된 플라스틱이 610만 톤이고, 그중 170만 톤이 바다로 들어갔다. 지금까지 바다에 유입된 누적 량은 3,000만 톤, 하천에 축적된 양은 1억 900만 톤으로 추산하고 있다. 하천에 있는 플라스틱이 바다로 스며들 수 있으므로 제대로 관리하지 않으면 해양 플라스틱은 현재 상태에서만도 수십 년

동안 증가할 수 있다. 환경 관련 정책, 산업, 연구 관련자들이 해양 플라스틱에 크게 주목하는 이유이기도 하다.

한편 이제 우리 신체의 일부처럼 느껴지는 스마트폰이나 노트북 컴퓨터 혹은 점점 다가오는 로봇과 다양한 일상의 가전제품까지 모두 편리함을 제공하지만 결국 이들은 '전자폐기물' 발생원이다. 새로운 기술이 적용이 빨라지고 제품 개발 주기가 짧아지는 만큼 사용 후 교체와 폐기에 따른 주기도 짧아지므로 '전자폐기물' 발생량은 그만큼 빠르게 증가하고 있다.

이 전자폐기물에는 소량이지만 매우 귀중한 소재가 들어있다. 희토류와 귀금속류가 그것인데, 이 원자재가 유래한 광물들은 지구에 매장량이 적고, 광석을 채굴하고 추출한 후 소재를 가공하는 과정에서 이미 인간과 환경에 여러 유해 영향을 끼치며 전자제품 생산에 이용되고 폐기된 것들이다. 하지만 역시 폐기물 속의 소재 또한 귀중한 자원이고, 재사용 시 광석 채굴, 추출 혹은 재가공의 환경 부하를 줄일 수 있는 원료 물질이 될 수 있다. 이는 전자폐기물과 관련한 '도시 광산(Urban Mining)'이란 환경 산업이 탄생한 배경이기도 하다.

현대 생활에서 피할 수 없는 폐기물의 예로 플라스틱과 전자제품을 들었지만, 폐기물의 종류와 발생 현황은 전 세계적으로 국가와 지역에 따라 매우 다양하므로 폐기물에 의한 환경 영향을 최소화하고 무엇보다 유한한 자원을 보존하기 위한 관리 방안을 마련해 실행하고 있다.

폐기물 관리는 다음과 같이 단계적으로 계획하고 가능한 앞선 단계에서 관리하기 위한 노력을 기울이는 게 일반적이다.

(1) 폐기물 발생 방지

환경 영향을 생각하면 폐기물을 발생시키지 않는 것이 최선이다. 제품 수리나 재활용에도 에너지 수요에 따른 환경 부하가 나타나기 때문이다. 완전하진 않지만, 차선책으로 재사용이나 나눔 재판매등도 이에 도움이 될 수 있다.

(2) 재사용 준비

폐기물로 도달한 제품이라도 간단한 점검, 청소, 수리 등을 통해 제품 용도에 따라 이용할 수 있는 상태로 준비한다.

(3) 재활용

재활용은 폐기물을 원래 제품 목적이나 다른 목적을 갖는 제품 제조의 재료 등으로 사용하기 위해 수거하고 가공하는 과정으로 원자재를 순환 사용하는 방법이다.

(4) 기타 활용

위의 단계를 벗어난 폐기물은 폐기물 소각 등을 통하여 이용 가능한 에너지를 얻는 방안 등이 있다.

(5) 폐기물 처리

위의 방법을 모두 적용할 수 없을 때 최종적인 방안으로 생각할 수 있는 매립, 소각, 적치 등 폐기물 처리 처분 방안을 숙고한다.

첫 번째 소개한 폐기물에 관한 기본 자료들을 볼 수 있는 웹 주소에서는 대표적 국제 금융 가구인 세계은행(World Bank)에서 기술한 '폐기물이란?' 자료를 발견할 수 있다. 과학기술 단체가 아닌 금융 기구가 환경 문제를 다루는 것은 그 환경 문제와 경제의 상호 연계성에 따른 것이며, 이처럼 과학 기술 분야 이외의기관이나 단체도 환경관련 자료를 찾아가는 출발점이 될 수 있다.

두 번째 자료는 미국 CNN 방송국이 우리나라 플라스틱 폐기물에 관해 보도했던 내용이다. 동영상과 가사가 함께 있으므로 듣거나 읽으며 기사 내용을 확인하고, 우리 이야기 이므로 그 이후에 대한 관심과 자료를 찾아보는 것은 환경 문제에 대한 적극적 행동이 될 수 있다.

세 번째 자료는 사진을 주요 매체로 하는 잡지 'National Geographic'에서 플라스틱 오염을 소개한 것으로 사진과 함께 환경문제를 생각해볼 수 있다.

네 번째 웹 주소는 미국 환경청(EPA: Environmental Protection Agency)으로, EPA는 그 나라의 규모와 역량 만큼이나 환경에 관한 연구와 자료의 규모도 크다.

(1) https://www.worldbank.org/en/news/immersive-story/2018/09/20/what a-waste-an-updated-look-into-the-future-of-solid-waste-management, "What a Waste: An Updated Look into the Future of Solid Waste Manage- ment"

(2) https://edition.cnn.com/2019/03/02/asia/south-korea-trash-ships-intl/index. html, "South Korea's Plastic Problem is a Literal Trash Fire"

(3) https://www.nationalgeographic.com/environment/article/plastic-pollu-tion, "The World's Plastic Pollution Crisis Explained"

(4) https://www.epa.gov/report-environment/wastes, "Wastes - What are the Trends in Wastes and their effects on human Health and Environment?"

1.1.5　생물종 다양성

　포유동물 뿐 아니라 수많은 곤충과 작은 동물들 그리고 식물 종 까지, 지구상 존재하는 생물들이 멸종 위기에 몰리고 있다. 열대우림 지역의 목재 남벌만으로도 매일 여러 곤충류들이 지구상에서 사라지고 있다고 보고되고 있으며 많은 노력에도 멸종 위험이 거의 멈추지 않기 때문에 심각하다. 동물이나 곤충이 살 수 있는 공간이 점점 줄어들고 기후 변화를 비롯한 지구 환경 변화가 많은 동식물의 생존 여건과 먹이 사슬에 영향을 끼침으로써 미래의 생물종 다양성(Biodiversity)은 더욱 위협을 받을 것으로 예상되며 이는 곧 생물자원의 감소와 인간의 생활 및 생존 환경에 변화를 가져올 것으로 예상된다.

인류는 생물종 다양성 감소를 알게 되었다.

　과학이 주장하고 우리가 알고 있듯이 우리가 살고 있는 지구의 가장 큰 특징은 생물체가 있다는 것이고, 또한 가장 특이한 점은 그 생명체의 종이 매우 다양한 것

이다. 연구에 따르면 지구상에는 인간을 비롯한 동물과 식물, 원생동물과 균류 등
900만 종의 생물체가 서식하고 있다. 또한 이러한 생물종에 대한 지속적인 관찰연
구는 이 생물종이 동일한 상태로 지속되지 않고 그 수가 줄어들며 생태계에 위험
한 변화가 일어나고 있다고 보고하고 있다.

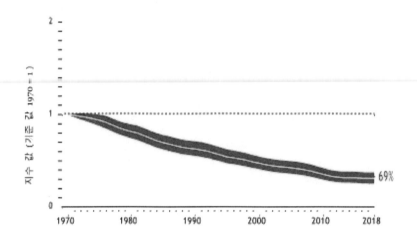

〈그림〉The Global Living Index (1970 t0 2018) : 전 세계에 걸쳐 조사한 비교적 풍부한
대표적 척추동물 5,230종 31,821개체 수의 평균 변화는 69% 감소였다. (가운데 선은
평균값이고, 표시 영역은 95% 통계 확률 범위 63%에서 75%)
* 출처: https://www.wwf.org.uk/sites/default/files/2022-10/lpr_2022_full_report.pdf
* 인용자료: WWF/ZSL.(2022) The Living Planet Index database 누리집 www.livingplanetindex.org

이 변화 즉, 생물종다양성 감소가 빠르게 진행되면서 이는 직접적으로 인간 삶
의 변화를 야기하는 환경문제로 그리고 온전한 생태계에 바탕한 산업 경제 복지에
영향을 미친다.

많은 작물의 생장과 수확에 역할이 큰 야생 꿀벌 종이 사라지고 그 수가 줄고 있
다. 한편 천연 지구 자원으로서 생물종 다양성의 중요성은 인간의 건강 복지와 관
련한 생산 산업에서뿐 아니라 금융 산업 등에까지 이어진다는 것은 이제 새로운

인식이 아니다. 그럼에도 오늘날 연구에 나타나는 생물종 다양성이 받고 있는 위협과 종 다양성 감소가진행 중인 변화는 놀랍다고 관련 학자들이 보고하고 있다.

토지사용과 해양 산업에 따른 변화와 자원의 과다 채굴과 채취, 여러 가지 환경오염 또는 전 지구적인 문제로 논쟁되고 있는 기후 변화뿐 아니라 생태계에 부정적인 영향을 끼치는 외래종 침입의 문제 등 다양한 환경 변화가 생물종 다양성에 변화를 가져오고 그 수에도 영향을 끼치는 등 생물종 다양성 감소는 지구환경에 순환적으로 영향을 끼치는 중요한 환경문제이다.

이와 같은 생물종 다양성에 대한 위협과 위기를 벗어나려는 많은 과학기술 기여가 생물의 유전적인 다양성이나 개별 종의 다양화 및 생태계의 다양성과 같은 시급한 부분에서 진행되고 있다. 이를 위한 지역적 노력뿐 아니라 국경을 넘는 종 다양성 문제에 국제적 공동 대응 등이 지속적으로 또는 새로운 형태로 발전하고 있다.

국제 기구인 유엔이 환경과 관련하여 안전하고 깨끗하며 지속 가능한 환경에 접근하는 것을 인간의 기본권으로 인정한 것은 생물종다양성과 생태계 기능성의 가치에 대한 인식도 증가시킨다. 생물종다양성 가치는 건강한 환경생태계의 중심 가치이기도 하며, 직접적으로 관련 산업의 경제적 가치를 내포하고 있기도 하다. 따라서 공공부문과 기업의 목표가 환경 가치와 경제적 가치를 함께 고려하면서 중요한 환경 주제로서의 생물종다양성은 인간의 삶의 질과 연계된 경제 활동으로 이어진다.

첫 번째 자료는 세계은행(World Bank)에서 인용한 지구 자원과 자본으로서의 생물종다양성에 대한 자료이다. 지구환경 구성요소로서의 생물종다양성이 우리의 미래와 어떻게 연결될 수 있을까 생각해보는 출발점이 될 수 있다.

두 번째 'Nature'지 자료는 20년간 수행한 생물종 다양성 연구에 대한 총론으로, 지구에 있는 약 900만 생물종과 80억의 인구를 염두에 두고 20년간 종 다양성 감소를 관찰한 연구 총론이다. 길지 않지만 종 다양성 문제에 대한 깊은 논의의 초석이 될 수 있다. 아래 웹주소에서는 해당 논문의 초록 밖에 볼 수 없으나, 이 논문이 실린 'Nature' 잡지는 세계 최고 권위의 학술지로 대부분의 대학도서관이나 규모있는 공공 도서관에서는 잡지를 구독하고 있다.

(1) https://www.worldbank.org/en/news/immersive-story/2022/12/07/securing-our-future-through-biodiversity, "Securing Our Future Through Biodiversity"

(2) https://www.nature.com/articles/nature11148, "Biodiversity Loss and its Impact on Humanity", Nature, Volume 486, Pages 59-66 (2012)

1.1.6 자원 개발

세계적으로 대단위 상업적인 광산 채굴이 시작된 이후 다양한 기술 공정이 새로이 개발되고 있는데, 새 공정들은 더 효율적이고 긍정적인 기술이지만, 다른 한편으로 환경에 새로운 영향을 끼치는 결과를 낳기도 한다. 특히 저개발 국가나 개발 도상국가 등에서 일어나는 자원 개발(Resource Development)의 노력은 환경오염 방지나 저감에 관한 관리 소홀 혹은 기술 미비 등을 나타내는 경우가 많다. 자원에 대한 요구는 증가할 수밖에 없으며, 자원이 부족한 국가들은 해외로 눈을 돌릴 수밖에 없다. 이런 경우에도 전 지구적인 환경 관리와 감시에 적절한 자원개발 기술로 대응할 수 있어야 한다.

자원 (Natural Resource)은 유한하다.

자원 개발이나 이용에 대한 주체를 다룰 때는 환경문제를 논의할 때 자주 사용하는 용어 '지속 가능성'을 언급하기에는 적절하지 않다. 자원의 존재량은 한정되어있기 때문에 계속하여 무한정 사용할 수는 없기 때문이다.

현재의 경제 성장은 대부분 석탄, 석유, 천연가스나 금속 광석 같은 천연 자원의 생산 및 소비와 관련되어 있다. 그러나 지구에 매장된 자원의 양은 한정되어있기 때문에(당연한 사실이지만) 경제 성장이 무한정 지속될 수는 없다는 점에서 여러 가지 고민이 시작된다. 기존에 채굴하여 사용하고 있는 자원을 어떻게 하면 더 절약할 수 있을까 생각하면서 재사용 혹은 재활용과 같은 방법을 고안하였다. 이 방법은 완전한 소비재뿐 아니라 재생 가능한 자원에도 활용되는데 이는 인류가 과도한 소비가 생태계에 피해를 줄 수 있음을 인식하고 있기 때문이다.

우리가 자원을 채굴하거나 채취하는 경우(자원의 재생 가능성과는 무관하게) 이미 그 행위 자체가 환경에 부담을 주는 유해 요인이 될 수 있다. 경제와 산업의 목적에 따라 열대 우림에 벌채 작업이 진행되고, 경작지로 파괴하여 다른 용도로 사용하기도 한다. 그에 따라 식물과 동물의 자연 서식지가 사라지고 생태계가 변한다. 또한, 채광과 같은 지하자원 개발은 막대한 양의 물을 필요로 하여, 지하수위를 낮추거나 하천 수 고갈을 일으키기도 한다. 게다가 자원 개발은 그 과정에서 지하수를 오염시키기도 하고, 방출되는 중금속을 비롯한 다양한 물질들은 인간과 환경 모두를 심각하게 오염시키는 유해 물질에 해당한다.

한편 이런 환경문제가 발생하는 곳은 발굴된 대부분의 자원의 부가가치를 높여 사용하는 국가가 아니라 대부분 개발노상국들이다. 자원 매장량이 풍부한 국가들 중에 개발도상국들이 많이 포함되어있다. 그러나 구매력이 큰 선진국에서 원하는 것은 보통 천연 상태의 자원이 아니라 제품 형태로 가공된 생산품이다. 이는 곧 자원의 채굴과 개발, 가공 및 소비에 이르는 과정에서 국가 간 불균형으로 이어진다. 세계 인구의 약 20 %가 가용 가능한 자원의 약 80 %를 소비한다고 한다. 즉 자원을 소유한 많은 개발도상국들은 자원개발과정에서의 환경문제 부담을 안으면서도 자원으로부터 얻는 이득이 크지 않고 부가가치 창출과 같은 실질적 이득은 개발된 자원을 최종적으로 이용하고 소비하는 국가들에게 있다.

자원 개발에 따른 환경문제는 채굴 단계에서부터 자연환경과 인간에 다양한 영향을 끼친다. 특히 중요한 것은 물과 자연 상태의 균형이 변하면서 생물 다양성에 변화가 나타날 수 있다. 자원을 추출하는 초기 단계 문제뿐 아니라, 추후 가공 과정에서 에너지 소비가 크고 소비재 생산 공정에까지 이르는 동안 발생하는 오염물질은 수질권, 대기권, 토양권, 생물권 등 모든 권역에 유해한 영향을 끼치게 된다. 또한 지속적 자원 수요로 새로운 매장지를 찾게 되고 그 지역은 다시 변화를 맞게 되어 차츰 전 생태계가 위험에 빠지는 순환이 반복될 수 있다. 자원 개발이 환경에 끼치는 영향은 자원의 부가가치를 키우는 전 과정에 나타난다.

자원을 가공하여 제품을 생산하기까지 뿐 아니라 제품을 사용하고 폐기하는 단계까지 자원의 전 생애주기는 환경문제와 연계된다. 제품 생산과 이용 및 운송 등에 물이 필요하고 일정한 면적과 에너지가 소비되며, 사용 후 폐기될 때 매립을 위해서는 지속적으로 넓은 토지를 확보해야 하거나 소각 시에는 유해 물질이 배출되고 확산되는 것과 같은 다양한 환경문제가 내포되어있다.

사회의 변화와 경제 활동의 규모가 커지면서 세계는 지금 자원 전쟁 중이라고 한다. 그 중 광물 자원의 주요용도 중 하나인 자동차 산업의 예를 보자.

화석연료를 사용하여 환경문제를 유발하는 내연기관 자동차의 대안으로 현재 전기자동차의 생산과 이용이 증가하고 있다. 다음은 이 두 종류의 자동차에 사용되는 물질량(단위 kg)을 비교한 것이다.

광물 자원 소재	전기차	내연기관차
흑연(Graphite), 천연과 합성	66.3	-
구리	53.2	22.3
니켈	39.9	-
망가니즈	24.5	11.2
코발트	13.3	-
리튬	8.9	-
희토류	0.5	-
아연	0.1	0.1
기타	0.3	0.3

* 출처: https://www.greencarcongress.com/2022/02/20220218-sivakminerals.html

이 표에서 보듯이 전기차 제조에는 내연기관차에서는 사용하지 않는 다섯 가지 광물 자원, 흑연, 니켈, 코발트, 리튬과 희토류가 포함되어 있다. 세 가지 광물 자원, 구리, 망가니즈와 아연은 두 종류 자동차 제조에 모두 들어있는데, 구리와 망가니즈의 양을 살펴보면 전기차 제조에 두 배 이상 많이 사용된다. 이 소재는 모두 지하자원을 개발한 것들이다.

처음 자료는 자원 이용과 환경 영향에 대한 입문 자료를 볼 수 있는 단체의 웹 주소다.

두 번째 자료는 독일 환경청 (Umwelt Bundesamt) 홈페이지에서 자원 개발과 이용에 대해 소개하는 곳이다. 환경에 대한 자료들은, 모든 나라들이 환경에 대한 국제 협력 인식과 함께 고유한 환경 정책을 시행하므로, 미국 이외의 국가에서도 영어 자료를 발간하는 곳들이 많이 있으니 다양한 국가의 자료를 찾으며 해외 사례를 찾아볼 수 있다.

(1) https://www.oneplanetnetwork.org/SDG-12/natural-resource-use-environ
     mental-impacts, "Natural-Resource use and Environmental Impact"
(2) https://www.umweltbundesamt.de/en/topics/waste-resources/resource-
     use-its-consequences, "Resource use and its consequences"

1.1.7　오존층 파괴

　　지구와 대기권 사이의 오존층은 오래 전부터 줄어들고 있다. 그 주된 원인은 무엇보다도 기체상의 염소 결합 화합물이 성층권에 유입되고 있는 데 따른다. 그 물질들은 낡은 냉장고의 냉매 기체 뿐 아니라 화학물질을 사용하는 작업 공정에서 유출되는 기체 등 다양한 인간활동에 따라 생성된 물질들이다. 오존층 파괴(Ozone Layer Destruction)에 따른 지구 생태계의 변화는 심각한 결과를 초래할 것이 명백한 까닭에 다행히도 과학적인 규명과 함께 전 지구적인 노력이 추구되고 있으나, 단기간에 해결되는 문제가 아닌 만큼 오존층에 대한 관찰과 보존을 위한 국가간 협약과 활동이 지속되고 있다.

오존홀이 회복되었다는 데 성층권 오존 농도도 증가했을까?

　　염화불화탄화수소(CFC: Chlorofluorocarbon)에 의해 성층권 오존 농도가 심각하게 감소하고 있다는 연구가 발표된 후, 오존층 파괴(Ozone Layer Destruction)

는 인류가 공동으로 대응한 중요한 환경문제였다. 따라서 1987년 9월 16일, 유럽과 세계 24개국이 몬트리올 의정서(Montreal Protocol)에 서명하기에 이르렀고, 의무적으로 CFC 생산과 소비의 단계적 금지를 실행하기 시작했다. 여러 나라 과학자들과 정책입안자들이 이룬 이 의정서는 국제적으로 구속력이 있는 가장 중요한 국제 환경 조약의 하나이다. 조약은 대기권에 장기체류하면서 남극과 지구 남반구에서뿐 아니라 중위도와 북반구의 오존층까지도 위협하던, 장수명 CFC와 유사한 영향을 끼치는 물질들의 생산과 소비를 90 % 정도 감소시켰으며, 오늘날엔 거의 사용되지 않고 있다. 이미 대기권에 유입된 물질의 농도도 태양광 등에 의한 자연 분해 과정을 통해 서서히 감소하면서 오존 구멍은 감소한 것으로 관측되고 있다. 조약 발효에 따라 인류 생존에 중요한 오존층 복구에 대한 정책적 결정이 이루어지고 오늘날 과학이 다시 그 처음 상황과 현재까지의 상태를 지속적으로 관찰하고 있다.

국제 사회는 특히 정치적으로 몬트리올 의정서를 국제적 협력으로 성공한 조약이라 알리는 데 힘을 쓰기도 한다. 성층권 오존을 위협하던 유해 물질의 농도 감소 확인으로 의정서의 발효는 성공적이지만, 세계 기상 기구를 비롯한 전문가 단체는 물질분해가 느리기 때문에 빠른 개선에 대한 기대를 경고하면서 측정 자료 분석을 통한 추이를 지속적으로 살피고 있다.

한편 CFC를 비롯한 오존층 감소 관련 할로젠 화합물은 지구 온난화의 중심물질로 여기는 이산화탄소(CO_2)보다 온실가스 효과가 최대 만 배 이상이어서 몬트리올 의정서는 오존층 회복 외에도 지구 기후 변화에도 기여한 것으로 평가되기도 하며, 기후 변화에 영향을 줄 수 있는 수소불화탄소(HFC: HydrogenFluoro Carbon)과 같이 염소가 플루오르로 치환된 화합물의 소비도 줄이기로 결정하는 등 몬트리올 의정서는 새로운 물질군을 추가하는 논의도 지속하고 있다.

한편 성층권 상부(고도 약 32 km에서 48 km 부근)와 극지방 오존 농도가 회복되는 것과는 달리 오존의 약 40 %가 분포되어 있는 성층권 하부(고도 약 15 km에서 24 km 사이)에서의 오존 농도는 몬트리올 의정서가 개시된 1987년 이후에도 계속 감소하고 있다는 연구에서는 향후 이 권역에서의 오존 회복이 어떻게 진행되는지 관찰하고 있다. 그리고 오늘날 가장 중요한 환경주제가 된 기후 변화가 오존층 회복과 어떤 관련성이 있는지도 환경 전문가들 사이에서 논의되고 있다.

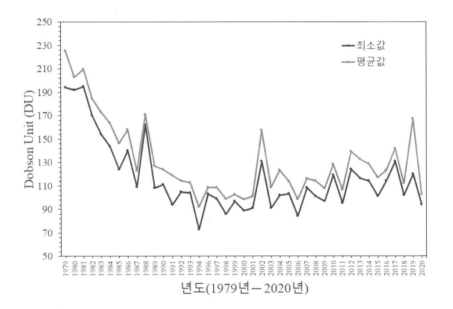

〈그림〉 1979년부터 2020년까지 남위 40° 위성에서 측정한 남반구 성층권의 오존 농도
(단위 DU : Dobson Units)
* 출처 : NASA Ozone Watch 누리집 https://ozonewatch.gsfc.nasa.gov/

지구 온난화가 오존층 회복에 끼치는 영향에 대한 겉보기 설명은 어렵지 않다. 대기권 오존은 열대 지방에서 생성된 후 기류를 따라 지구 남북으로 이동한다. 지구 온난화로 열대 지방과 북위도 사이의 공기 순환이 증가하고 성층권 상부의 오존 농도의 추가적 증가로 이어질 수 있다. 그러나 이러한 과정에 대한 자세한 설명은 쉽지 않고, 지구 온난화 혹은 기후 변화를 고려한 오존 연구가 필요하다는 주장

이 나올 수 있다.

첫 번째 자료는 오존홀 측정 결과를 거의 실시간으로 볼 수 있는 웹 주소이고, 성층권 오존에 대한 출발점이 될 수 있다.

두 번째 자료는 영국 공영방송인 BBC에서 성층권 오존 농도 감소가 우리의 일상생활과 밀접한 관련성이 있음을 기사로 작성한 내용이다.

세 번째 자료는 'National Geographic'에서 성층권 오존감소에 대해 설명한 글이다.

(1) https://www.nasa.gov/esnt/2022/ozone-hole-continues-shrinking-in-2022-nasa-and-noaa-scientists-say, "Ozone Hole Continues Shrinking in 2022"

(2) https://www.bbc.com/future/article/20220321-what-happened-to-the-worlds-ozone-hole, "What Happen to the World's Ozone Hole?"

(3) https://www.nationalgeographic.com/environment/article/ozone-depletion "What is the Ozone Layer, and Why dose it matter?"

1.1.8 인구 증가

현재 전 세계 인구는 약 70억 이며, 향후 2050년 97억, 2100년에는 112억 명에 이를 것으로 예상된다. 이런 인구 증가(Population Growth)는 인류의 생존에 필요한 자원의 감소를 의미하기도 한다. 사실 인구 증가는 이미 지속 가능한 수준을 넘어서고 있다고 볼 수도 있다. 인구가 증가할수록 환경 문제는 복잡해지는 데, 예를 들어 대기로 배출하는 여러 오염 물질 중 이산화탄소를 비롯한 온실가스도 증가하여 기후 변화 위기가 커질 수 있는 것과 같은, 인류 생존에 직접적인 영향을 끼치는 다양한 현안 문제를 일으킬 수 있다. 필요한 자원도 무한정 개발 가능한 것은 아니다. 다행히도 신재생 에너지 개발 등으로 필요한 대체 자원 확보 연구 등으로 지속 가능 발전 방법을 찾고 있지만, 인구 문제 자체는 변하지 않고 인구 증가가 환경에 끼치는 영향에 대응하고 있는 게 현실이다.

인구 증가 자체가 환경문제는 아니다.

유엔(UN : United Nations) 보고에 따르면 1950년 25억 명으로 추산되었던 세계 인구는 약 37년 만에 두 배인 50억 명을 넘어서기 시작하여 2022년 11월 15일 세계 인구는 드디어 80억 명을 넘었다.

이와 같은 세계 인구의 기하급수적인 증가는 수질, 대기와 같은 직접적인 환경 문제는 아니지만, 지구 생태계에 무거운 짐이 될 수 있고, 그로부터 환경에 다양한 변화를 일으키는 사회적 문제로써 환경 관련 전문가들의 주목을 받는 중요한 주제이다.

세계은행 발표에 따르면 현재 지구상에는 약 229개의 국가가 존재하는데, 개별 국가의 인구변화는 당사국의 핵심 정책 결정에서 최우선 고려사항 중 하나이다. 전 지구적인 급속한 인구 증가는 '인구 과잉'논쟁이 되기도 하는데, 인구 과잉은 가용한 지구의 천연자원 증가보다 인구 증가가 앞선다는 전제에 따른다. 그러나 인구 과잉은 단순히 큰 숫자로서가 아니라, 특정한 시점에 살고 있는 인구의 수와 지구 상황에 대한 조건을 고려하여 논의해야 할 개념이다.

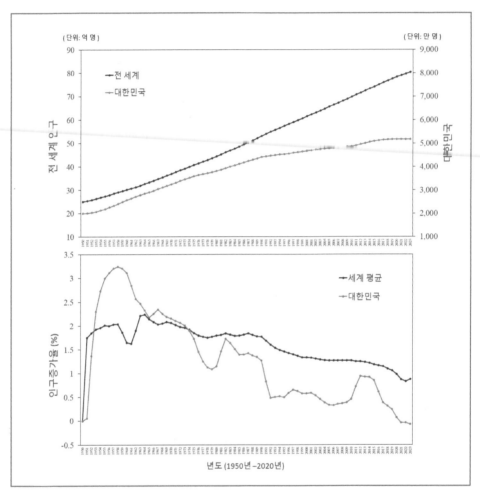

〈그림〉 1950년부터 2022년까지 대한민국과 전 세계의 인구수 변화와 인구 증감율

* 출처: United Nations – World Population Prospects 2022, 누리집 https://population.un.org/wpp

'인구학'(Demography)에서는 한 국가의 인구 변천 과정, 즉 일정 기간에 걸친 인구수의 증감을 네 단계로 구분하여 설명한다.

제 1 단계에서는 정체된 인구성장 단계로 출생률과 사망률이 모두 높아 실질적인 인구 증가는 거의 없는 단계이다. 이는 높은 출산율과 더불어 물질적 궁핍이나 위생 시설의 부족에 따른 높은 사망률을 나타낸 산업 혁명 이전 사회에서 볼 수 있다.

제 2 단계는 인구 폭발 단계로 출생률이 높고 사망률이 낮은 상황에 따른다. 경제발전을 통하여 식량과 위생 및 의료 서비스 등이 개선되는 때로 산업 혁명 후 유럽과 미국 등에서 경험하였고, 현재 아시아와 아프리카의 일부 개발도상국에서 볼 수 있는 단계이다.

제 3 단계는 인구 증가가 둔화되거나 감소하는 단계로 출생률과 사망률이 함께 급감하는 단계다. 이는 보통 가족계획과 여성의 사회 진출 증가 등 사회적 변화에 따른 것이고, 경제발전이 활발히 진행된 선진국 초입 단계에서 볼 수 있으며, 현재 우리나라도 이 단계에 속하는 것으로 볼 수 있다.

제 4 단계는 출생률과 사망률이 다 낮지만, 균형을 이루는 단계로 인구 증가가 성체되면서 노년층 인구 비율이 증가한다. 고도의 산업화를 이룬 국가에서 볼 수 있는 단계로 고도의 압축성장을 해온 우리나라의 경우 노년층 인구 비율 증가 특성은 이 단계에 비교할 수 있다.

인구와 환경과의 관련성은 주로 세계 인구 증가에 바탕을 두고 논의된다. 인구 변천 과정에서의 인구 증가 원인은 위생 시설과 의료서비스 수준, 교육 부족과 높은 출산율, 빈곤의 악순환에 따른 가족의 경제 활동 확장 욕구 등 지정학적 지역과 국가에 따라 다양하고 매우 복잡한 자연적 요인과 사회적 요인을 갖고 있다.

이러한 인구 증가 혹은 과잉은 자연과 인류에 어떤 형태이든 영향을 끼칠 것이며, 인구 문제로 인하여 환경에 변화가 나타남은 여러 예에서 볼 수 있다. 생태학적인 변화를 감지할 수 있는 대기 오염이나 지구온난화 혹은 삼림 벌채의 결과를 경험하고 있으며, 사회적인 변화로 식수의 오염과 부족, 빈곤에 따른 기아, 빈부격차와 소비 증가 그리고 COVID-19 에서 경험한 질병 확진 속도 증가 등은 모두 인구 증가와 환경을 함께 고려해야 할 주제이며, 환경 관련 전문가의 활동 영역이기도 하다.

중요한 환경 주제의 하나인 인구 증가에 대하여 그 정의를 생각해보고, 인구 증가의 현황을 조사하여 원인과 결과를 파악한 후 환경 관련 전문가로서 인구 증가에 대한 대응까지 고려해보는 것은 학습자의 역량과 영역을 확대하는 것이다. 고려함으로써 인구 증가와 환경에 관한 연관성에 대한 자신만의 고유 의견을 정리해보자.

첫 번째 자료는 인구 문제와 환경의 복잡한 관계성에 관한 소개 자료이고,
두 번째 자료는 UN Population Fund에서 발행한 보고서로 인구와 지속 가능한 발전에 관하여 기술한 소책자로 부속자료를 제외하면 본문은 10쪽 분량으로 짧지만 인구와 환경 문제에 대해 비교적 알차게 기술한 자료이다.

(1) https://www.rand.org/content/dam/rand/pubs/research_briefs/2000/RB5045.pdf, "Population and Environment-A Complex Relationship"
(2) https://www.unfpa.org/sites/default/files/pub-pdf/UNFPA%20Population%20matters%20for%20sustainable%20development_1.pdf, "Population Matters and Sustainable Development"

1.1.9 기후 변화

점진적인 지구온난화는, 일부 검증 혹은 논쟁의 여지가 있다는 학자도 있으나, 과학적으로 많은 증거가 제시되어 있다. 환경오염에 의해 지구온난화가 일어나고

있다는 것 외에도 다른 요인들이 기후변화를 일으킨다고 생각되기도 한다. 전문가들은 지구온난화와 그에 따른 기후변화가 앞으로도 수십 년간 더 악화될 것으로 예상하고 있다. 지구온난화가 지속되고 심해지면 기후변화로 인한 폐해도 증가할 것이다. 기후변화로 인해 생물 종의 20 %가 멸종 위기에 처했고, 2100년에는 현재의 50 %가 위기에 처할 수 있다고 하며, 모든 국가들이 파리기후협약을 따른다 해도 지구 평균온도는 산업화 이전에 비해 2 ℃ 이상 증가할 가능성이 크다고 한다.

기후 변화 얘기는 참 많기도 하다.

오늘날 기후 변화는 우리나라에서뿐 아니라 전 지구적인 차원에서, 전문가 사이에서만이 아니라 일반 시민에 이르기까지, 과학 기술적 논의에서뿐 아니라 회의나 정치적 토론에서도 자주 언급되는 가장 중요한 환경 주제의 하나이다.

기후 변화는 장기간에 걸쳐 지구의 기온과 날씨 형태가 변하는 것을 가르친다. 이러한 변이는 태양의 주기에 따른 자연적인 것이기도 하지만, 19세기에 들어서며 인류가 사용하는 석탄, 석유, 천연가스 등의 화석 연료량이 급증하는 것과 같은 인간 활동이 기후 변화를 촉진하는 주요 요인이 되었다.

기후 변화는 때때로 그 결과의 하나인 지구 온난화(Global Warming)와 혼용되기도 한다. 기후 변화는 많은 연구자들의 관찰과 검증을 통해 확인되고 있으며, 주된 관심 중 하나는 지구 온난화가 빠르게 진행되고 있다는 점이다.

전문가들의 연구에 따르면 장기적인 기후 변화는 인간의 거동에 영향을 끼치는데 대부분 그 결과 예측은 긍정적이지 못하며, 지구환경에 나타나는 결과도 극지방 얼음이 사라지며 해수면이 높아지고, 극심한 날씨 변화에 따른 가뭄과 폭우가 나타나는 등 부정적인 측면이 많다.

지구 역사에서 기후 변화는 항상 있었다. 지구에는 시간의 흐름에 따라 상대적으로 기온이 더 높았던 시기와 낮았던 시기들이 번갈아 나타나는 자연적 기후 변화가 빙하기 이후 계속 존재했다. 현재는 지구가 추운 시기에 놓여있으므로 기후 변화 주장에 동의하지 않는 학자들은 추운 시기와 따듯한 시기가 번갈아 나타났던 지구 역사에 근거하여 지구 온난화 주장에 회의적이기도 하다. 그럼에도 불구하고 지구의 기온이 산업 혁명 이전의 시기에 비하여 $1.15 \pm 0.13\ ℃$ 상승한 것은 사실이다(세계 기상 기구 자료 참조).

지구의 기온이 유지되는 것은 온실효과(Greenhouse Effect)에 기인하는데, 이는 태양계에서 유입된 복사 에너지가 지구를 가열하고 에너지를 받은 지구가 복사열을 방출하게 되는데, 이때 방출되는 에너지가 우주로 사라지지 않고 대기권에 의해 차단되고 다시 지구로 반사되는데 대기권에서 이 역할을 하는 기체를 온실 기체라고 한다. 이산화탄소(Carbon Dioxide: CO_2)와 메테인(Methane: CH_4) 그리고 일산화이질소(또는 아산화질소, Nitrous Oxide: N_2O)가 대표적이다. 온실효과가 없으면 지구 기온은 영하 18 ℃에 머무르고 지구처럼 지금의 생명체가 존재할 수는 없었을 것이다.

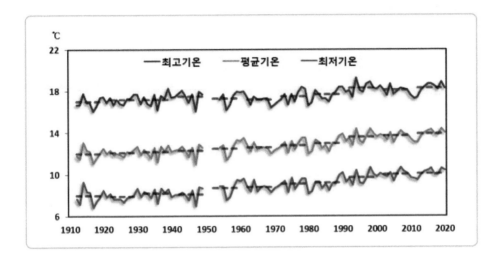

〈그림〉 1912년부터 2020년까지 109년간 우리나라의 연평균기온과 최고 및 최저 기온
* 자료출처 : 기상청/국립기상과학원 (2021년), 누리집 www.climate.go.kr(기후정보포털)

따라서 온실가스의 역할은 매우 중요한데, 기체 농도가 안정적인 기후를 조성하던 범위를 벗어나 그 농도가 변하면서, 특히 산업 혁명 이후 화석연료 증가가 인위적인 온실가스농도 증가에 크게 기여하면서, 기후 변화 혹은 지구 온난화라는 주제가 환경 관련 논의의 중심에 위치하게 되었다. 다음 표는 UN/WMO(유엔/세계기상기구, Provisional State of the Global Climate 2022) 자료에서 인용한 기후 변화 주요 물질인 세 가지 대표적 온실 기체의 2022년 농도와 산업 혁명 이전과 비교한 증가 비율이다.

이산화탄소	415.7 ± 0.2 (ppm)	149%
메테인	1908 ± 2 (ppb)	262%
일산화이질소	334.5 ± 0.1 (ppb)	124%

이중 메테인의 온실효과는 이산화탄소의 25배이고, 전년도에 비해 18 ppb가 증가하여 증가량이 가장 큰 온실기체에 해당한다.

기후 변화는 가장 자주 논의되는 환경문제인 만큼 관련 자료 또한 매우 다양하고 많다. 인터넷에서 관심 있는 세부 주제에 관한 자료를 구하는 것은 어렵지 않다.

첫 번째 웹 주소는 기후 변화 문제를 다루는 국제기구 IPCC(Intergovernmental Panel on Climate Change, 기후 변화에 관한 정부 간 협의체)에서 직접 발간한 교육 자료이다.

두 번째 웹 주소는 유엔(UN)의 기후 변화 소개와 유엔 관련 세계 기상 기구(WMO: World Meteorological Organization) 등의 자료를 찾아볼 수 있는 곳이다.

세 번째 자료에서는 전 지구적인 관심사인 기후 변화에 대해 우리나라 언론에서 작성한 최근 기사를 읽을 수 있다.

(1) https://www.ipcc.ch/site/assets/uploads/sites/2/2018/12/ST1.5_OCE_LR.pdf, "IPCC Special Report-Global Warming of 1.5 ℃"

(2) https://www.un.org/en/climatechange/what-is-climate-change, "What is Climate Change?"

(3) https://www.chosun.com/national/weekend/2023/01/28/VSZLB3R5DLQSPZNYOY/, "뻥 뚫린 오존층 반세기 만에 되살린 인류 … 기후 재앙은 왜 못 막나"

1.1.10 가장 중요한 환경문제는 무엇일까?

사람과 다양한 생명체가 지구의 수질권, 대기권, 토양권 그리고 생물권 속에서 지속적으로 건강하게 서식하고 살아가는 것은 인간 기본권 중에서도 으뜸이며, 그것을 위한 행동은 환경에 관한 중요한 관심이다.

우리는 인류가 살고 있는 환경속의 다양한 인자들이 예상을 벗어나거나 바람직하지 않은 결과로 나타나는 것을 관찰하거나 경험하고, 그로부터 환경문제에 대한 전 지구적인 논의가 활발해지는 것을 알고 있다.

이처럼 우리가 우선적으로 고려해야 할 중요한 환경문제에는 어떤 것들이 있을까. 전 지구적인 공통 관심사도 있을 것이고, 나라별로 또는 한 나라 안에서도 지역에 따라 서로 다른 우선순위로 환경문제 해결의 어려움을 겪을 수도 있으며 심지어는 이웃 간 개인의 의견 차이로 환경문제의 심각성을 절실히 깨달을 수도 있다.

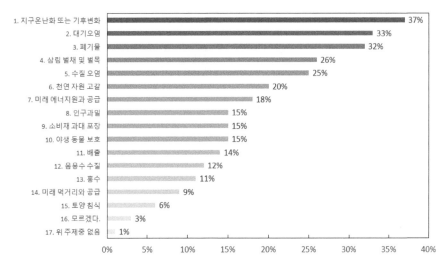

〈그림〉 중요한 환경현안에 대한 국제 설문 조사 결과

* 출처: https://www.statista.com/statistics/895943/important-environmental-issues-globally/
"Most important environmental issues faced worldwide in 2020"

이 그래프는 통계전문 기업인 IPSOS에서 수행한 세계 환경문제에 대한 국제 설문조사로, 2020년 2월 21일부터 3월 6일 사이에 전 세계 28개 국가의 16세에서 74세 사이의 시민 20,590명에게 온라인으로 '가장 중요한 환경 현안은 무엇인가' 묻고 그 결과를 정리한 통계이다.

응답자의 37 %가 기후 변화를 가장 시급히 다룰 환경 문제로 인식하였고, 이어서 대기 오염과 폐기물 문제 역시 30% 이상이 중요한 환경 현안으로 생각하고 있다.

환경에 대한 깊은 관심을 갖고 관련 분야를 전문적으로 학습하는 여러분들은 이런 논의를 주도적으로 이끌고 그 문제의 중심에서 신뢰할 수 있는 설명을 할 수 있도록 역량을 키우고 있는 중이다. 이를 위하여 우리는 스스로에게 늘 질문을 던질 수 있어야 한다.

"내가 생각하는 가장 중요한 환경 주제는 무엇일까?"

지구 환경의 구성

1.2.1 지구환경의 권역

우리가 살고있는 지구를 권역별로 나누면, 크게 생물권과 무생물권으로 나눌 수 있으며, 무생물권은 대기권, 수질권, 지질권으로 구별된다. 따라서 지구의 환경은 대기권(atmosphere), 수권(hydrosphere), 지질권(geosphere) 및 생물권(biosphere)으로 구성되어 있으며, 그 중 지질권을 다시 세분하면 지각권(pedosphere)과, 암석권(lithosphere)으로 나눌 수 있다.

〈그림〉 지구의 권역 구분

대기권은 지구를 둘러싸고 있는 공기층이며, 수질권은 지구에 존재하는 여러 형태의 물을 가르키는 데, 바다의 해양수, 호소수, 강물, 그리고 여러 곳의 눈과 얼음 등을 포함한다. 지질권 중 지각권은 암석의 풍화를 통해 생겨난 곳으로 토양 생물이 존재하는 권역을 일컬으며, 암석권은 지구의 내부 암석층을 말하는 것으로 지각아래에서 지구 맨틀의 윗부분에 이르는 영역을 말한다. 생물권은 생물이 살고 있는 지구의 전체 영역에 해당하는 데, 그 영역은 생물이 서식하는 지각권을 포함하여 수질권과 지표면에서 대기권의 아래에 걸쳐 나타난다.

지구의 총 표면적은 5.1×10^8 ㎢인데, 이를 펼치면 한 변의 길이가 약 22,600 ㎞인 정사각형 크기가 된다. 이 평면 중에 사람이 살 수 있는 곳은 극히 일부분인데, 왜냐하면 약 71 %가 바다이고, 그 나머지도 사막이나 산맥, 혹은 빙하로 되어있어 인간이 거주하기 어렵다. 표는 지구의 크기와 영역에 따른 면적, 혹은 부피 등을 나타낸다.

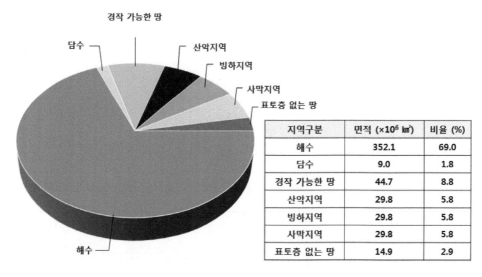

지역구분	면적 (×10⁶ ㎢)	비율 (%)
해수	352.1	69.0
담수	9.0	1.8
경작 가능한 땅	44.7	8.8
산악지역	29.8	5.8
빙하지역	29.8	5.8
사막지역	29.8	5.8
표토층 없는 땅	14.9	2.9

〈그림〉 지구의 표면적 분포

1.2.2　지구 환경의 화화적 조성

　지구 환경을 이해하기 위해서는 먼저 각 권역을 구성하고 있는 물질에 대한 지식이 필요하다. 환경 화학은 이 물질들의 순환과 상호 작용 그리고 그 변화에 대한 체계적 설명과 이해를 돕는다. 먼저 지구 환경의 각 권역을 이루고 있는 물질은 무엇인지 그 조성에 대해 알아본다.

(1) 대기권 구성 원소

　우리가 대기권이라 부르는, 지구를 둘러싼 얇은 막은 여러 가지 기체의 혼합물이다. 가장 많은 기체는 질소(Nitrogen)로써, 전체 기체의 약 78 %를 차지한다. 다음으로 많은 기체는 산소(Oxygen)이며 대기권의 21 % 정도이고 이어서 아르곤(Argon)이 약 0.9 %인데, 대기 중 이 세 기체가 차지하는 비율이 99.9 % 이상을 차지하고 이들의 절대량은 거의 일정하게 유지되고 있다. 한편 그 다음으로 농도가 높은 대기권 기체는 이산화탄소(Carbon dioxide)로 대기 중 조성비는 약 0.039 %로 아르곤과의 차이가 매우 크며, 현재 대기 중 이산화탄소농도는 지속적으로 변하고 있는 것으로 관측된다. 그 외에 미량 기체로 네온(Neon), 헬륨(Helium), 크립톤(Krypton), 수소(Hydrogen), 제논(Xenon) 등이 대기권을 구성하고 있다. 이 모든 기체는 중력에 의해 대기권에 속해 있으며, 이 기체의 80 %는 지표면에 가까운 대류권에 있기 때문에 대류권의 공기 밀도는 대기의 다른 영역에서보다 매우 크다.

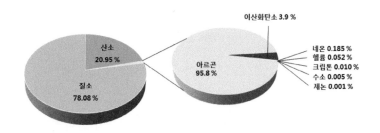

〈그림〉 대기권 구성 기체들

대기 구성 주요 기체가 지구 환경에서 수행하는 화학 반응의 예를 보면, 질소는 박테리아나 번개 등에 의해 다양한 질소 화학종으로 전환되어 생물계 순환에 참여하고, 산소는 지구에 있는 대부분의 살아있는 유기체 호흡에 이용되고 있다. 아르곤은 화학 반응성이 낮은 비활성 기체로 생물 활성이 거의 없으나, 이산화탄소는 동물과 식물의 호흡이나 광합성 작용 등 생물계의 화학 반응에 활발히 참여하는 매우 중요한 물질이다.

(2) 수질권 구성 원소

수질권에 존재하는 물의 97.5 %는 바다를 이루고 있는 해수이다. 수질권의 대부분을 차지하는 해수는 3.5 %의 염(salt)을 함유하고 있는데, 이 염을 이루는 조성 원소 중 염소(Chlorine)의 평균 조성비는 55 %, 소듐(Sodium)은 31 % 정도이며, 이어서 마그네슘(Magnesium) 7.7 %, 황(Sulfur) 3.7 %, 칼슘(Calcium) 1.2 %, 그리고 나머지 1.4 %가 미량의 여러가지 원소들로 이루어져 있다. 아래 그림은 수질권에서 가장 큰 수체(water body)인 바닷물의 화학적 조성을 나타낸다.

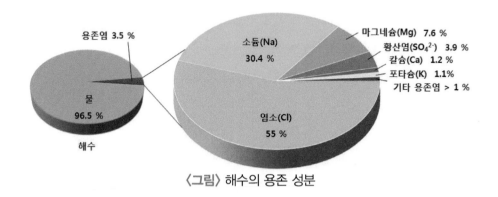

〈그림〉 해수의 용존 성분

(3) 지질권 구성 원소

지질권의 성분 중에서 탐사 분석이 잘 이루어진 지각의 화학적 조성은 표와 같다. 실리카 염을 중심으로 한 암석과 광물질 중 가장 많은 비율을 차지하는 원소는

산소로, 조성비는 약 46.6 %에 이른다. 규소(Silicon)는 27.7 %이며, 실리카 광물의
주요 원소 중 하나인 알루미늄(Aluminium)이 9.1 % 이다. 그 뒤를 잇는 주된 원소
는 철(Iron) 5.0 %, 칼슘 3.4 %이며, 소듐 2.8 %, 포타슘(Potassium) 2.6 %, 마그네
슘 2.0 %의 순서이고, 기타 여러 미량 원소가 나머지 약 1 %를 이루고 있다.

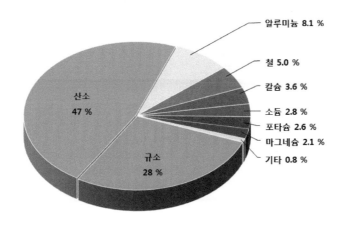

〈그림〉 지각권의 주요 구성 원소

(4) 생물권 구성 원소

생물권의 구성은 식물과 동물이며, 그 구성 원소는 생물종 수 만큼이나 다양하
다. 생물을 구성하는 주요 원소 네 가지는 산소, 탄소, 수소 및 질소로, 이들의 비율
은 전체 생물권 원소의 65 %, 18 %, 10 %, 3 %에 해당하며, 나머지 4 %가 다양한
미량 원소로 구성되어 있는 것으로 설명할 수 있는 데, 이 미량 구성 원소들 또한
대부분 사람과 동물 및 식물이 성장하고 생존하는 데 반드시 필요한 것들이다.

다음 그림에서는 생물권의 주요 구성체인 사람의 인체를 구성하는 원소들을 표
기 함으로써 생물체 구성 원소의 다양성을 나타내었다.

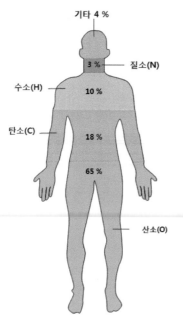

구성 원소	원소 기호	원소 조성비
산소 (Oxygen)	O	65.0
탄소 (Carbon)	C	18.5
수소 (Hydrogen)	H	9.5
질소 (Nitrogen)	N	3.2
칼슘 (Calcium)	Ca	1.5
인 (Phosphorus)	P	1.0
포타슘 (Potassium)	K	0.4
황 (Sulfur)	S	0.3
소듐 (Sodium)	Na	0.2
염소 (Chlorine)	Cl	0.2
마그네슘 (Magnesium)	Mg	0.1
미량원소: 붕소(B), 크로뮴(Cr), 코발트(Co), 구리(Cu), 플루오린(F), 아이오딘(I), 철(Fe), 망가니즈(Mn), 몰리브데늄(Mo), 셀레늄(Se), 실리콘(Si), 주석(Sn), 바나듐(V), 아연(Zn)		1.0 % 이하

〈그림〉 인체 구성 원소들

1.2.3   지구환경에서의 물질순환

(1) 탄소 순환

탄소 원소는 환경의 모든 권역 즉, 대기권, 수질권, 지질권, 생물권에 다양한 화합물로 존재한다.

각 권역에 존재하는 탄소의 결합 형태를 보면 대기권에서는 이산화탄소 기체가 가장 중요한 탄소화합물이며, 수질권 에서는 주로 용존 이산화탄소와 이의 해리된 이온 화학종인 탄산수소 이온이나 탄산이온 형태로 녹아있다. 지질권에는 탄산염을 함유한 석회암이나 백운석 등의 암석이나 석탄, 석유, 천연가스 등의 화석 연료 물질 형태로 놓여있다. 한편 생물권에서는 탄수화물, 지방, 단백질과 같은 유기 화합물의 중심 원소로써 생명체나 사멸체 형태의 생물체(biomass)를 구성하는 원소이다.

권역별 탄소 순환 영역 중 대기권은 가장 적은 탄소 저장고로써, 전체 탄소량의 0.001% 정도만을 함유하기 때문에 대기권은 지구권 총 탄소량 변화에 가장 민감하게 반응하는 권역이다.

전 지구적 탄소 순환(global carbon cycle)은 탄소 함유 화합물의 화학적 변화와 네 권역 사이에서의 탄소 물질 교환과 이동을 가르킨다. 각 권역 사이의 탄소 교환은 주로 이산화탄소의 이동으로 일어난다.

전 지구적 탄소 순환(global carbon cycle)은 여러 개 작은 규모의 아래 단계 순환으로 이루어져 있다. 생물권, 특히 육지 생물권과 대기권 사이의 단기 순환에서 이산화탄소는 생화학적 과정을 통해 상호 교환된다. 특히, 육상 생물과 대기 사이의 탄소 순환은 닫힌 고리를 이루며 거의 상호 균형을 유지하고 있다. 탄소 순환이 일어나는 과정에는 다음과 같은 작용이 있다.

① 광합성(Photosynthesis)

생물 중 녹색 식물(생산자)은 대기권의 이산화탄소를 흡수한 후 여러 단계의 반응을 거쳐 포도당(글루코스)을 생성한다. 이 광합성 작용의 일반적인 화학 반응식은 다음과 같이 쓸 수 있다.

$$6CO_2 + 6H_2O \xrightarrow{\text{엽록소}/\text{빛}} C_6H_{12}O_6 + 6O_2$$

② 호흡(Respiration)

생물체는 에너지가 풍부해 내포된 물질을 연소하여 생명 유지에 필요한 에너지를 얻는다. 세포호흡 작용을 통해 광합성에서 생성한 포도당(글루코스)과 산소가 여러 단계를 걸치면서 반응하여 이산화탄소와 물로 전환된다. 이 과정은 다음과 같은 식으로 나타낼 수 있다.

$$C_6H_{12}O_6 + 6O_2 \xrightarrow{\text{효소}} 6CO_2 + 6H_2O$$

③ 영양공급과 소화(Nutrition and Digestion)

생물 중 생산자는 물질대사를 통해 포도당을 다른 탄수화물, 지방, 단백질로 전환시키고, 소비자는 생산자들로부터 이 영양소들을 취하여 소화시키고 물질대사를 통해 생체 내에서 필요한 탄수화물, 지방, 단백질로 전환시킨다.

④ 광물화(Mineralization)

박테리아나 곰팡이와 같은 생물 분해자는 죽은 생물체를 완전히 분해하여 이산화탄소, 암모니아 또는 물과 같은 무기 물질을 생성하고 이는 지구권의 광물질 생성과 연계되기도 한다.

이 과정들 중에서 광합성과 광물화는 계절의 영향이 크므로 그에 따라 권역마다 연중 계절에 따른 CO_2 존재량에 변화가 있다.

수질권과 대기권 사이에서의 단기 탄소 순환 과정도 닫힌 고리를 이루고 거의 균형을 이루고 있다. 상호 교환하는 물질량은 대기권의 이산화탄소가 물에 흡수되는 것과 물에서 빠져나가는 것을 포함하는데, 거기엔 바다의 식물과 조류가 이산화탄소를 흡수하는 것과 해양생물체가 호흡 과정을 통해 기체를 발산하는 것도 포함된다. 사멸체 즉, 죽은 생물체는 해저에 가라앉음으로써 단기 순환에서는 빠지게 된다. 하지만 장기적인 탄소 순환에서는 다양한 종류의 생물체가(Biomass) 산소가 없는 상태에서 원유, 천연가스, 석탄 등을 생성하면서 탄소 순환에 연관되고, 이러한 화석연료는 에너지원으로 이용되면서 연소 과정을 통해 다시 대기권의 탄소로 순환이 이어진다.

장기적인 무기 탄소 순환은 주로 이산화탄소와 탄산염 같은 화합물 이동으로 나타나며 그의 주요 저장고인 대기권, 수질권, 지질권에 분포한 무기 탄소 화학종의 이동이다. 난용성 탄산염은 침전 생성으로 인해 탄소 순환에서 영구히 빠져나가는 탄소가 된다.

이러한 탄소 순환에 인간 활동에 따른 영향이 커지고 있다.

지구상의 물질은 오랜 시간 자연적인 과정을 거치며 안정적인 물질 이동 평형을 형성하게 되었다. 각 환경 권역 사이에서의 일정한 물질 교환 비율에 따라 대기권의 이산화탄소 농도는 40만 년 이상 비교적 일정하게 300 ppm 이하를 유지해왔다. 그러나 오늘날의 관찰과 연구는, 19세기 산업혁명 이후 사람들의 화석 연료 사용량이 점진적으로 증가하여 대기권에 이산화탄소 농도가 추가적으로 증가한 것으로 보고 있다. 그 결과 최근 대기 중 CO_2농도는 400 ppm을 넘어선 것으로 측정되고 있다.

현재 인간 활동에 따른 탄소 배출량은 연간 약 90억 톤으로 그 중 약 25%는 바다에 추가적으로 흡수되며, 약 20 %는 식물의 과도 성장과 관련 된 것으로 보인다. 그리고 나머지는 대기권에 잔류하여 해마다 대기권의 CO_2농도가 계속 증가하는 것으로 여겨진다. 한편 이산화탄소를 소비하는 광합성 속도의 증가는 대기권의 CO_2농도 증가보다 느리다. 따라서 대기권의 CO_2농도는 해마다 3 – 4 ppm 정도씩 꾸준히 증가하여 전 지구적인 온실효과와 기후변화에 관한 연구와 논의가 많이 이루어지고 있다.

(2) 질소 순환

질소는 지구 모든 생물의 체내 단백질 구성에 반드시 필요한 원소 중 하나이다. 생물과 연계된 질소 순환은 여러 단계로 이루어지는데, 공기 중 질소의 고정, 식물의 질소동화작용, 유기 질소 화합물의 변환, 유기질소 화합물의 무기 질소 화합물로의 전환 등이 이에 해당한다.

질소 원소는 환경의 모든 권역, 즉 대기권, 수질권, 지질권, 생물권에 다양한 결합 형태로 존재한다. 전 질소량의 약 99 %는 대기권에 기체 질소 분자(N_2)로 존재한다. 두 질소 원자의 공유 결합으로 이루어진 이 분자는 삼중 결합을 갖는 매우 안정한 물질이고, 그에 따라 화학 반응성은 매우 낮은 물질이다.

환경의 각 권역에 존재하는 질소 화합물은 다양한 형태로 나타난다. 대기권의 질소 조성은 대부분 분자 질소이며 다양한 질소 산화물이 미량 포함되어 있다. 수질권의 질소는 주로 물에 용해된 질산염 형태이다. 지질권 질소는 토양 중의 질산염과 암모늄염 형태이고, 광산에서처럼 일정 지역에 침적된 질산소듐과 같은 염(salt) 형태로 존재한다. 한편 생물권 질소는 살아있는 생물체나 사멸된 생물체(biomass)의 질소 함유 유기 화합물, 즉 아미노산, 단백질, DNA, 호르몬 등에 존재한다. 이러한 질소 화합물은 살아있는 동물과 식물의 생성과 물질 순환에서 중요한 역할을 하고 있다.

전 지구적 질소 순환은 여러 개의 아래 단계 작은 순환으로 이루어져 있다. 그중 무엇보다 주된 과정은 화학적으로 매우 안정한 대기권의 질소를 고정하는 것으로, 이는 비활성 질소를 반응성 질소 화합물로 전환하여 동물과 식물이 이용할 수 있도록 만드는 과정이다. 생물체 구성 필수요소인 단백질의 약 17 %는 질소로써, 모든 생물의 체내 단백질 형성에 반응성 질소 화합물은 매우 중요하다.

질소 순환은 다음과 같은 과정을 포함한다.

① 생물학적 질소 고정

거의 모든 생물, 식물과 동물들은 화학적으로 비활성인 대기권 질소를 직접 아미노산이나 단백질과 같은 체내 물질로 전환시키지 못한다. 동물은 체내에 필요한 단백질을 음식 섭취를 통해 얻고, 식물은 물에 용존 된 질산염이나 암모늄염을 토양을 통해 얻는다. 이 질소 함유 화학종들은 공기 중 질소가 박테리아로 인해 암모늄염과 같은 반응성 질소로 전환되는 생물학적 질소 고정으로부터 생성된다.

질소 고정의 첫 단계는 토양에서 박테리아가 대기권에서 유래된 질소를 암모니아로 환원시킨다. 이어서 다른 박테리아가 질산화 과정(nitrification)을 통해 암모니아나 암모늄염을 질산염 형태로 산화시킨다. 질산염 화합물이 토양 박테리아로 인해 다시 분자 질소로 돌아가는 반응은 탈질(denitrification) 과정이라고 표기하며 그 중간 단계에서 일산화이질소(N_2O)가 나타난다. 일산화이질소는 토양에서 공기 중으로 확산 되어 대기권에 장기 체류하는 온실기체인데, 대기권 기체 중 조성비는 약 3×10^{-5} %로 매우 적지만 온실기체 효과는 매우 큰 물질이다.

② 대기권의 질소 고정

자연적인 질소 고정의 또 다른 과정은 대기권에서 질산이 형성되는 것이다. 산림화재, 화산활동 또는 번개 발생 등과 같은 고온 형성 조건에서 대기 중의 질소는 산소와 반응하여 이산화질소를 생성할 수 있으며 이는 대기 중의 수분과 반응하여 질산이 되어 비나 눈 혹은 건성 강하물로 토양에 이르게 된다,

③ 생물권과 토양에서의 순환

이 순환은 질소 동화 작용에 해당하는데, 식물이 토양에서 질산염 혹은 암모늄 등 무기 결합 형태의 질소를 흡수하여 유기 질소 화합물로 변환되는 과정이다. 무기염에서 아미노산이나 단백질과 같은 유기 질소 화합물로 전환된 후 먹이사슬을

따라 이용된다. 식물이나 동물 등 생물이 죽은 후에는 그 생물체 내 유기 질소는 박테리아나 곰팡이 등에 의해 다시 무기 질소 화합물로 분해되는 광물화(mineralization) 과정에 이른다.

④ 질소 순환 속의 인간활동

질소 순환 과정은 여러 가지 인간의 영향 혹은 인간의 산업 활동에 따른 영향을 포함한다. 대기권의 질소는 생물학적 질소 고정이나 대기권 질소 고정 외에 산업적으로 고정되어 이용할 수 있는데 독일의 과학자에 의해 개발된, 암모니아 대량 합성을 이룬 하버공정(Haber Process)이 대표적이며 이는 질소 비료의 원료가 된다. 이 비료는 농산물의 생산성을 높이면서 전 세계적으로 사용량이 증가하고 있는데, 이는 환경 중의 질산염 농도 증가로 이어진다. 비료로 사용된 질산염은 토양에서 지하수로 유입되거나, 지표면 유실 과정을 통해 식수원에도 이를 수 있는데 이는 건강 유해 물질로 관리되고 있다. 한편 질산염은 강우 등 여러 경로를 통해 강과 호수에 유입될 수 있고, 고인 물에서의 질소 농도가 증가함에 따라 조류(algae)의 과대 성장 즉 부영양화(eutrophication)가 일어나기도 한다.

그리고 토양의 질산염 농도 증가에 따라 탈질화도 증가하면서 일산화이질소 발생량이 늘어날 수 있으며, 이는 대기 중에 확산 되어 지구에 온실효과를 일으킨다, N_2O의 온실효과는 CO_2의 약 200배이므로 낮은 농도로도 지구환경에 끼지는 영향이 클 수 있으며, 현재 대기 중 농도는 331 ppb(2018년)로 이는 산업화 이전에 비해 23 % 증가한 것으로 알려져 있다.

인간 활동의 영향에 따른 질소 순환의 또 다른 하나는 다양한 연소 과정에서 발생 되는 질소 산화물의 거동이다. 자동차와 발전소의 배연 가스에는 질소 산화물이 포함되어 있고, 이는 대기 중에서 물, 산소, 빛 등과 반응하여 질산을 형성하거나 다양한 질산염 화학종 형태로 질소 순환의 작은 고리를 이룬다.

2장

환경 이해의 도구 (1)

물질 구성 원소

물질에 대한 과학적 이해가 빠르게 발전하면서, 물질을 이루는 많은 원소에 대한 정보가 축적되었다. 학자들이 이 원소들의 특성을 발견하고 각 원소들의 물리적, 화학적 성질들 사이의 관계를 확인하면서 원소들을 체계적으로 이해하는 방안을 찾기 시작했다.

여러 과학자들의 연구 중에서 오늘날 우리가 주로 사용하는 주기율표(Periodic Table)는 1869년 러시아의 화학자 멘델레프(Dmitri Ivanovich Mendeleev)와 독일의 물리학자 마이어(Julius Lothar Meyer)가 각각 독자적으로, 거의 비슷한 시기에 비슷한 주기율표를 개발하였는데, 멘델레프의 발표가 몇 개월 앞섰다. 이후로 주기율표는 원소 및 화학을 체계적으로 이해하는 중요한 수단이 되었다. 원소를 순서적으로 정리하는 기준은 원소들 간의 유사성에 근거한다. 두 과학자는 원소를 질량이 증가하는 순서로 나열할 때 일정한 간격을 두고 유사성이 반복해서 나타남을 발견했다. 따라서 그 유사한 원소들을 한 무더기로 묶었는데, 예를 들면 알칼리 금속들을 하나의 족(Group)으로 묶는 방식으로 오늘날과 같은 주기율표를 구성하기에 이르렀다. 원소의 순서를 정함에 있어 당시에는 질량수(상대적인 원자량)를 사용하였으나 현재의 주기율표에서는 원소의 양성자 수(Proton Number)가 주기율표에서 각 원소의 위치를 결정하며 그 양성자 수는 원소의 원자번호에 해당한다. 즉 원소들의 물리적 특성과 화학적 특성은 원자번호(Atomic Number)에 따라 주기적으로 변한다.

　원자의 핵 속에 있는 양성자 수에 해당하는 원자번호가 주기율표의 원소 순서를 결정한다는 것은 매우 중요하다. 이 사실이 원자 내의 전자 수와 원자의 화학적 특성 사이의 관계에 대해 매우 중요한 의미를 담고 있다는 것을 주기율표가 나타내고 있다.

　다음 그림은 현대 주기율표이다. 수평(주기, period라고 명명)으로 나열된 원소들은 원자번호가 차례대로 증가하는 순서이다. 수평으로 나열하면서 특정한 간격을 두고 다음 주기로 원소를 나열해 나가는데, 이렇게 해서 수직으로 놓인 원소들을 묶어 족(group)이라 한다. 1주기 원소는 수소와 헬륨뿐이며 2주기에는 Li에서 Ne까지 8개의 원소가 있다. 4주기에는 3주기에는 없는 10개의 자리에 Sc에서 Cu에 이르는 원소들이 위치하여 모두 18개의 원소가 위치하고 있다. 주기율표 본체 외에 아래 쪽에 두 개의 별도 표가 있는데, 이는 원자번호 57-70, 그리고 89-102에 이르는 14개씩의 원소를 포함하고 있다.

　주기율표에서 가로에 위치하여 같은 주기에 속하는 원소의 원자들은 같은 종류의 전자 껍질을 갖고 있다. 주기는 1주기에서 7주기까지 숫자로 표기하는데 이는 원자 내에 전자가 운동하는 궤도에 따른 껍질의 총 개수이기도 하며 알파벳을 사용하여 1주기는 K-껍질(shell), 2주기는 L-껍질, 3주기는 M-껍질, 4주기는 N-껍질, 5주기는 O-껍질, 6주기는 P-껍질, 7주기는 Q-껍질로 표기하기도 한다. 껍질은 전자들이 핵에서 떨어진 정도에 해당하는 특정한 에너지 준위를 의미한다.

　수직으로 놓여있는 같은 족의 원소들은 주기율표에서 크게 두 종류로 나누어, 맨 왼쪽의 2개의 족과 주기율표 맨 오른쪽 6개 족에 있는 원소들을 아우르는 8개 족 원소들을 '주족 원소'라 하고 그 밖의 원소들은 '부족 원소'라 한다. 부족 원소중에서 주기율표의 4주기 이상의 주족 원소들 사이에 놓여있는, 각 주기 별 10개의 원소들을 전이 원소(transition element)라고 하고, 원자번호 57에서71까지의 15개 원소와 원자번호 89에서 103까지의 15개 원소는 '내부 전이 원소(inner transition elements)'로써 각각 '란타넘 족(lanthanide group)', '악티늄 족(actinide group)'이라고 부른다.

표 준 주 기 율 표
Periodic Table of the Elements

표기법: 원자 번호 / 기호 / 원소명(국문) / 원소명(영문) / 일반 원자량 / 표준 원자량

1	2	3	4	5	6	7	8	9	10	11	12	13	14	15	16	17	18
1 **H** 수소 hydrogen 1.008 [1.0078, 1.0082]																	2 **He** 헬륨 helium 4.0026
3 **Li** 리튬 lithium 6.94 [6.938, 6.997]	4 **Be** 베릴륨 beryllium 9.0122											5 **B** 붕소 boron 10.81 [10.806, 10.821]	6 **C** 탄소 carbon 12.011 [12.009, 12.012]	7 **N** 질소 nitrogen 14.007 [14.006, 14.008]	8 **O** 산소 oxygen 15.999 [15.999, 16.000]	9 **F** 플루오린 fluorine 18.998	10 **Ne** 네온 neon 20.180
11 **Na** 소듐 sodium 22.990	12 **Mg** 마그네슘 magnesium 24.305 [24.304, 24.307]											13 **Al** 알루미늄 aluminium 26.982	14 **Si** 규소 silicon 28.085 [28.084, 28.086]	15 **P** 인 phosphorus 30.974	16 **S** 황 sulfur 32.06 [32.059, 32.076]	17 **Cl** 염소 chlorine 35.45 [35.446, 35.457]	18 **Ar** 아르곤 argon 39.948
19 **K** 포타슘 potassium 39.098	20 **Ca** 칼슘 calcium 40.078(4)	21 **Sc** 스칸듐 scandium 44.956	22 **Ti** 타이타늄 titanium 47.867	23 **V** 바나듐 vanadium 50.942	24 **Cr** 크로뮴 chromium 51.996	25 **Mn** 망가니즈 manganese 54.938	26 **Fe** 철 iron 55.845(2)	27 **Co** 코발트 cobalt 58.933	28 **Ni** 니켈 nickel 58.693	29 **Cu** 구리 copper 63.546(3)	30 **Zn** 아연 zinc 65.38(2)	31 **Ga** 갈륨 gallium 69.723	32 **Ge** 저마늄 germanium 72.630(8)	33 **As** 비소 arsenic 74.922	34 **Se** 셀레늄 selenium 78.971(8)	35 **Br** 브로민 bromine 79.904 [79.901, 79.907]	36 **Kr** 크립톤 krypton 83.798(2)
37 **Rb** 루비듐 rubidium 85.468	38 **Sr** 스트론튬 strontium 87.62	39 **Y** 이트륨 yttrium 88.906	40 **Zr** 지르코늄 zirconium 91.224(2)	41 **Nb** 나이오븀 niobium 92.906	42 **Mo** 몰리브데넘 molybdenum 95.95	43 **Tc** 테크네튬 technetium	44 **Ru** 루테늄 ruthenium 101.07(2)	45 **Rh** 로듐 rhodium 102.91	46 **Pd** 팔라듐 palladium 106.42	47 **Ag** 은 silver 107.87	48 **Cd** 카드뮴 cadmium 112.41	49 **In** 인듐 indium 114.82	50 **Sn** 주석 tin 118.71	51 **Sb** 안티모니 antimony 121.76	52 **Te** 텔루륨 tellurium 127.60(3)	53 **I** 아이오딘 iodine 126.90	54 **Xe** 제논 xenon 131.29
55 **Cs** 세슘 caesium 132.91	56 **Ba** 바륨 barium 137.33	57-71 란타넘족 lanthanoids	72 **Hf** 하프늄 hafnium 178.49(2)	73 **Ta** 탄탈럼 tantalum 180.95	74 **W** 텅스텐 tungsten 183.84	75 **Re** 레늄 rhenium 186.21	76 **Os** 오스뮴 osmium 190.23(3)	77 **Ir** 이리듐 iridium 192.22	78 **Pt** 백금 platinum 195.08	79 **Au** 금 gold 196.97	80 **Hg** 수은 mercury 200.59	81 **Tl** 탈륨 thallium 204.38 [204.38, 204.39]	82 **Pb** 납 lead 207.2	83 **Bi** 비스무트 bismuth 208.98	84 **Po** 폴로늄 polonium	85 **At** 아스타틴 astatine	86 **Rn** 라돈 radon
87 **Fr** 프랑슘 francium	88 **Ra** 라듐 radium	89-103 악티늄족 actinoids	104 **Rf** 러더포듐 rutherfordium	105 **Db** 두브늄 dubnium	106 **Sg** 시보귬 seaborgium	107 **Bh** 보륨 bohrium	108 **Hs** 하슘 hassium	109 **Mt** 마이트너륨 meitnerium	110 **Ds** 다름슈타튬 darmstadtium	111 **Rg** 뢴트게늄 roentgenium	112 **Cn** 코페르니슘 copernicium	113 **Nh** 니호늄 nihonium	114 **Fl** 플레로븀 flerovium	115 **Mc** 모스코븀 moscovium	116 **Lv** 리버모륨 livermorium	117 **Ts** 테네신 tennessine	118 **Og** 오가네손 oganesson

57 **La** 란타넘 lanthanum 138.91	58 **Ce** 세륨 cerium 140.12	59 **Pr** 프라세오디뮴 praseodymium 140.91	60 **Nd** 네오디뮴 neodymium 144.24	61 **Pm** 프로메튬 promethium	62 **Sm** 사마륨 samarium 150.36(2)	63 **Eu** 유로퓸 europium 151.96	64 **Gd** 가돌리늄 gadolinium 157.25(3)	65 **Tb** 터븀 terbium 158.93	66 **Dy** 디스프로슘 dysprosium 162.50	67 **Ho** 홀뮴 holmium 164.93	68 **Er** 어븀 erbium 167.26	69 **Tm** 툴륨 thulium 168.93	70 **Yb** 이터븀 ytterbium 173.05	71 **Lu** 루테튬 lutetium 174.97
89 **Ac** 악티늄 actinium	90 **Th** 토륨 thorium 232.04	91 **Pa** 프로트악티늄 protactinium 231.04	92 **U** 우라늄 uranium 238.03	93 **Np** 넵투늄 neptunium	94 **Pu** 플루토늄 plutonium	95 **Am** 아메리슘 americium	96 **Cm** 퀴륨 curium	97 **Bk** 버클륨 berkelium	98 **Cf** 캘리포늄 californium	99 **Es** 아인슈타이늄 einsteinium	100 **Fm** 페르뮴 fermium	101 **Md** 멘델레븀 mendelevium	102 **No** 노벨륨 nobelium	103 **Lr** 로렌슘 lawrencium

참조) 표준 원자량은 2011년 IUPAC에서 결정한 새로운 형식을 따른 것으로 [ ] 안에 표시된 숫자는 2 종류 이상의 안정한 동위원소가 존재하는 경우에 지각 시료에서 발견되는 자연 존재비의 분포를 고려한 표준 원자량의 범위를 나타낸 것임. 자세한 내용은 *Pure Appl. Chem.* 83, 359-396(2011); doi:10.1351/PAC-REP-10-09-14을 참조하기 바람.

*출처: 대한화학회

〈그림 2.1〉 IUPAC 결정에 따른 표준 주기율표

주족 원소들은 각 족에 해당하는 수만큼의 전자가 핵에서 가장 멀리 떨어진 최외각 전자껍질에 놓여있다. 그에 따라 각 족의 명칭은 일련번호로 1족에서 18족까지 주어지는데, 주족원소인 1,2족과 13족-18족 원소는 Ⅰa, Ⅱa, Ⅲa … Ⅷa라고도 명명되는데 여기서의 숫자 Ⅰ, Ⅱ … Ⅷ은 최외각 전자(혹은 원자가 전자(valence electron) 라고도 한다)의 수와 일치한다. 이 최외각 전자는 화학 결합에 관여하고 최외각 전자 배치의 유사성은 같은 족 원소의 화학적 거동이 비슷하게 나타나는 원인이 된다. 부족원소 또는 전이 원소들은 최외각 전자 껍질에 전자 2개가 놓여있는 경우가 많으며, 최외각 껍질이 아닌 최외각에서 두 번째 혹은 세 번째 껍질에 전자가 완전히 채워지지 않은 상태로 놓여있어, 반응을 할 때 최외각 전자 뿐 아니라 특정 조건 하에서는 최외각에서 두 번째 위치하는 껍질에 있는 전자가 반응을 한다.

2.2 원자 궤도와 전자 배치

 이러한 원소 내 전자의 배치에 대한 이해는 양자역학의 발전에서 슈뢰딩거(Schrö-dinger) 방정식의 수학적인 풀이에서 유도된 양자 수로 더 명확해진다. 하나의 전자로 이루어진 원소인 가장 간단한 수소 원자를 비롯하여 다른 원소의 원자들 속의 전자들을 표시하는데 네 개의 양자 수를 사용한다. 이를 이용하면 원자 안에 있는 모든 전자들을 낱낱이 설명할 수 있는데, 이 양자 수는, 주양자수(n), 각운동량 양자수(l), 자기 양자수(m_ℓ) 및 전자스핀 양자수(m_s)이다.

 주양자수 n은 1, 2, 3···의 정수 값으로 전자가 위치한 궤도함수의 에너지 값이고 전자와 핵 간의 거리에 해당한다. 각운동량 양자수 l은 전자 운동이 발견되는 궤도 함수의 모양을 말해 주는 것으로 l 값은 0, 1, 2··· (n-1)까지의 정수이며, 각 l 값은 궤도(orbital) 이름으로 S-궤도, P-궤도, d-궤도···로 나타낸다.

 아래 그림은 각 궤도 함수의 모양을 나타낸 것이다.

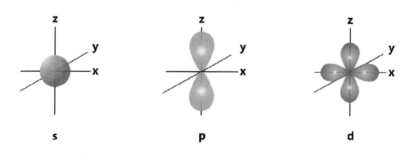

〈그림〉 s-궤도, p-궤도 및 d-궤도 모양

〈표〉 각운동량 양자수와 궤도함수 이름

각운동량 양자수	0	1	2	3	4	5
궤도함수 이름	s	P	d	f	g	h

자기 양자수 m_ℓ은 공간상에서 궤도 함수의 방향을 나타내는 것으로 다음 그림에서 보는 것과 같다. 각운동량 $l = 0$인 공 모양의 S궤도는 $m_\ell = 0$ 로 방향 구별이 없는 궤도 하나이지만, 각운동량 $l = 1$ 인 P궤도는 자기 양자수가 $m_\ell = -1, 0, +1$ 의 세 값을 갖고 이는 P-궤도모양이 x축, y축, z축 방향으로 향하는 Px-, Py-, Pz -궤도 세 종류가 있음을 나타낸다. $l = 2$ 인 d궤도는 자기 양자수가 $m_\ell = -2, -1, 0, +1, +2$ 의 다섯 가지 값을 갖고, 이는 x축, y축, z축의 사이를 향하는 dxy, dyz, dzx와 축방향의 dx^2-y^2, dz^2 등 다섯 궤도를 나타낸다. 아래 그림에서 각 궤도의 공간 방향을 알 수 있다.

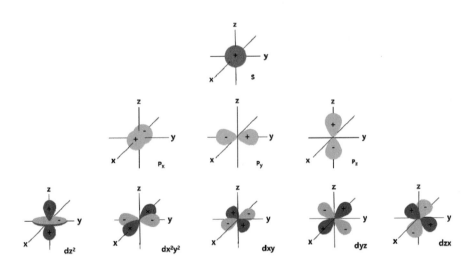

〈그림〉 s 궤도, p궤도 및 d 궤도의 방향

전자스핀 양자수 m_s는 전자가 자신의 축을 중심으로 회전하는 방향이 시계 방향과 반시계 방향 두 가지로 구별됨을 나타내며, 각 스핀 양자수는 $m_s = +\frac{1}{2}$, $m_s = -\frac{1}{2}$ 값을 갖는다.

원자 번호에 따라 정리된 주기율표 각 원소들의 원자내 전자 배치(electron configuration)를 보면 전자들이 채워지는 궤도들과 그 순서를 알 수 있다. 주기율표의 위쪽 위에서 시작하여 같은 주기의 오른 쪽 끝으로 그리고 다음 주기 왼쪽 끝의 순서를 반복한다. 주기율표 첫 주기에는 전자가 S-궤도를 채우는 H, He 두 원소만 있고, 둘째 주기에는 S-궤도를 채우는 2개의 원소(Li, Be)와 P-궤도(2P)에 여섯 개의 전자가 차례로 채워지는 6개의 원소(B에서 Ne까지)가 있다. 셋째 주기는 둘째 주기와 비슷하고 넷째 주기에는 S-궤도를 채우는 두 원소(K, Ca)에 이어 d-궤도(3d)에 전자가 차례로 채워지는 10개의 원소(Sc부터 Zn까지)가 있다. 이렇게 각 원소의 원자번호에 해당하는 갯수의 전자가 원자내에 채워지는 순서는 1S→2S→2P→3P→4S→3d→4P→ 등으로 다음 그림과 같다.

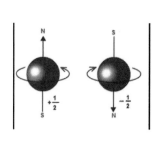

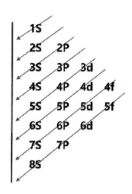

〈그림〉 전자의 스핀 모드   〈그림〉 각 궤도에 전자가 배치되는 순서

2.3.1   알카리 금속 - 1족 원소

(1) 알카리 금속의 전자배치

주기율표의 주족 원소 중에서 1족에 속하는 원소는 수소($_1$H), 리튬($_3$Li), 소듐($_{11}$Na), 포타슘($_{19}$K), 루비듐($_{37}$Ru), 세슘($_{55}$Cs) 그리고 방사성 원소인 프랑슘($_{87}$Fr)이다. 이 원소들의 전자배치는 nS^1 (n은 주양자수 혹은 주기율표에 원소가 위치한 주기에 해당)이고 모두 원자가전자(valence electron)가 단 한 개뿐인 다. 이 중에서 수소를 제외한 원소들은 고체로써 화학 반응성이 큰 금속이며 알카리금속(alkali metal)이라고 한다.

수소는 주기율표에서 가장 가벼운 1족 원소이고 화학 성질이 일부분 알카리 금속과 비슷하기도 하지만 표준상태에서 고체가 아니고 금속 성질을 나타내지도 않는다.

알카리 금속들은 대부분 은백색 (세슘 경우 황금색을 띠기도)의 광택을 나타내는 가벼운 금속이다. 금속이지만 무른 까닭에 칼로 자를 수 있으며 밀도가 낮다. 화학 반응성은 매우 커서 많은 물질들 즉 물, 공기 또는 일부 할로젠 언소들과 격렬히 반응하고 큰 열을 발생한다. 따라서 Li, Na, K 등은 석유 속에 보관하고 반응성이 더 큰 Ru, Cs은 공기를 차단한 앰플 속에 보관해야한다.

　　1족 원소들의 유일한 원자가 전자는 약하게 결합되어 있는 S-궤도 전자로써 핵으로부터 비교적 쉽게 떨어져 나갈 수 있다. 따라서 1족 원소들의 (1차)이온화 에너지(ionization energy)와 전기음성도(electrone gativity)는 작고, 다른 화학종과 화합물을 이룰 때 주로 +1가의 양이온으로 이온결합을 한다.

　　각 원소의 원자 반지름과 이온 반지름은 원자 번호가 증가하는 대로 커지는데 이는 각 원자가 전자 배치가 주 양자수 증가에 따라 달라지기 때문이다. 즉;

- $_3$Li : $1s^2 2s^1 \equiv$ [He]$2s^1$
- $_{11}$Na : $1s^2 2s^2 2p^6 3s^1 \equiv$ [Ne]$3s^1$
- $_{19}$K : $1s^2 2s^2 2p^6 3s^2 3p^6 4s^1 \equiv$ [Ar]$4s^1$
- $_{37}$Rb : $1s^2 2s^2 2p^6 3s^2 3p^6 4s^2 3d^{10} 4p^6 5s^1 \equiv$ [Kr]$5s^1$
- $_{55}$Cs : $1s^2 2s^2 2p^6 3s^2 3p^6 4s^2 3d^{10} 4p^6 5s^2 4d^{10} 5p^6 6s^1 \equiv$ [Xe]$6s^1$
- $_{87}$Fr : $1s^2 2s^2 2p^6 3s^2 3p^6 4s^2 3d^{10} 4p^6 5s^2 4d^{10} 5p^6 6s^2 4f^{14} 5d^{10} 6p^6 7s^1 \equiv$ [Rn]$7s^1$

(2) 알카리 금속의 반응

① 수소와의 반응

알칼리금속(M)은 수소분자(H_2)와 반응하여 염인수소화화합물(hydride)을 생성한다.

$$2M \ + \ H_2 \ \rightarrow \ 2MH$$

　　생성된 화합물은 LiH(lithium hydride, 수소화리튬)에서 CsH(cesium hydride, 수소화세슘)로 갈수록 열적 안정성이 감소한다.

② 산소와의 반응

알카리 금속은 산소분자(O_2)와 반응하여 흰색의 고체 산화물(-oxide)이나 과산화물(-peroxide), 또는 초과산화물(-hyperoxide)를 생성한다.

$4Li + O_2 \rightarrow 2Li_2O$ (lithium oxide: 산화리튬)

$2Na + O_2 \rightarrow Na_2O_2$ (sodium peroxide: 과산화소듐)

$M + O_2 \rightarrow MO_2$ (M=k, Ru, Cs

metal hyperoxide: 초과산화금속)

③ 물과의 반응

알카리금속이 물과 반응하면 수소 기체가 발생한다.

$$2M + 2H_2O \rightarrow 2MOH + H_2$$

이 반응은 알카리 금속의 원자번호 증가 순서대로 반응성이 커지는데 포타슘(K)부터는 스스로 발화 반응한다.

수소 (Hydrogen)

수소는 원자 번호 1로써 1족의 첫 번째 원소이며 모든 원소 중 가장 가벼우며 일반적인 조건에서 비금속이고 일부 성질이 알카리 금속과 유사한 것도 있으나 알카리 금속이라고 하지 않는다. 산화수는 알카리금속과 유사하게 1가를 나타내지만, 금속과 결합한 수소 화합물(수소화금속)에서의 산화수는 +1이 아닌 -1이다. 한 예로써 LiH(lithum hydride, 수소화리튬)에서 수소의 산화수는 -1, 리튬의 산화수는 +1이다.

2.3.2 알카리토금속 - 2족 원소

(1) 알카리 토금속의 전자 배치

주기율표의 주족 원소들 중에서 두 번째 족 (group II)에 속하는 원소는 베릴륨 ($_4$Be: beryllium), 마그네슘($_{12}$Mg: magnesium), 칼슘($_{20}$Ca: calcium), 스트론튬 ($_{38}$Sr: strontium), 바륨($_{56}$Ba: barium), 라듐($_{88}$Ra: radium)이다. 2족에 속하는 이 원 소들은 전자배치가 nS^2 (n은 주양자수 혹은 주기율표에 원소가 위치한 주기에 해 당)로써 모두 원자가 전자가 두 개이며 이다. 알카리토 금속이라 부르는 이 원소들 은 물과 반응하여 염기성 화합물을 형성하고 화학적으로 안정한 산화물을 이루는 데, 지각 구서원소의 약 4.16 %는 이 알카리토 금속이며, 그 중 67 %는 칼슘, 31 % 는 마그네슘이며, 바륨은 1.4 %, 스트론튬은 0.6 %으로 소량이며 베릴륨과 라듐은 극미량 혹은 흔적량으로 발견된다.

2족원소들의 원자가 전자는 S-궤도에 놓인 두 개의 전자인데, 원자번호가 증가 하는 순서대로 주양자수가 증가한 S-궤도에 놓인 원자가 전자에 따라 원자 반지름 이 커진다. 각 원소의 전자배치는 다음과 같다.

- $_4$Be : $1s^2 2s^2 \equiv$ [He]$2s^2$
- $_{12}$Mg : $1s^2 2s^2 2p^6 3s^2 \equiv$ [Ne]$3s^2$
- $_{20}$Ca : $1s^2 2s^2 2p^6 3s^2 3p^6 4s^2 \equiv$ [Ar]$4s^2$
- $_{38}$Sr : $1s^2 2s^2 2p^6 3s^2 3p^6 4s^2 3d^{10} 4p^6 5s^2 \equiv$ [Kr]$5s^2$
- $_{56}$Ba : $1s^2 2s^2 2p^6 3s^2 3p^6 4s^2 3d^{10} 4p^6 5s^2 4d^{10} 5p^6 6s^2 \equiv$ [Xe]$6s^2$
- $_{88}$Ra : $1s^2 2s^2 2p^6 3s^2 3p^6 4s^2 3d^{10} 4p^6 5s^2 4d^{10} 5p^6 6s^2 4f^{14} 5d^{10} 6p^6 7s^2 \equiv$ [Rn]$7s^2$

(2) 알카리 토금속의 반응

① 산소 분자와의 반응

산소와 반응하여 산화물(-oxide)을 생성한다.

$$2M + O_2 \rightarrow 2MO \quad (\text{M=Be, Mg, Ca, Sr, Ba, Ra})$$

예를 들어 Ca의 경우 산화칼슘 (calcium oxide, CaO)을 생성하며, Ba의 경우 BaO_2와 같은 과산화바륨 (barium peroxide)를 생성하기도 한다.

② 수소 분자와의 반응

$$M + H_2 \rightarrow MH_2 \quad (\text{M=Be, Mg, Ca, Sr, Ba, Ra})$$

수소와 반응하여 위와 같은 수소화물(-hydride)을 형성하는데, 예를 들어 Ca의 경우 CaH_2를 생성하며, 이는 이온결합물로 금속원소인 칼슘이 양이온으로 Ca^{2+}, 비금속인 수소가 음이온인 H^-인 화합물이다.

③ 물과의 반응

알카리토금속은 물과 반응하여 염기성 수산화화합물을 생성하면서 수소기체를 발생한다.

$$M + 2H_2O \rightarrow M(OH_2) + H_2 \quad (\text{M=Be, Mg, Ca, Sr, Ba})$$

위와같은 알카리토금속의 반응성은 원자번호의 크기에 따라 증가한다.

- Be 경우 습도가 낮은 상온에서 공기(산소)와 활발히 반응하지는 않고 반응 진행이 퇴화하는 표면 산화가 진행된다. (부동상태가 된다)
- Mg의 경우도 공기 중에서 표면산화에 따라 반응진행이 퇴화하며 얇은 막이나 띠 형태로 제조된 Mg금속은 공기 속에서 탄다. (산화한다)
- 원자번호가 큰 Ca, Sr, Ba과 Ra은 건조한 공기 속에서도 쉽게 반응하고 분말인 경우 자연발화한다.

알카리토 금속과 물의 경도

알카리토금속 중 Ca, Mg은 물의 세기 정도를 나타내는 경도(hardness)의 중심원소이다. 물 속에 녹아있는 금속이온 중에서 Ca, Mg, Mn, Sr, Fe등 +2가의 양이온들은 경도유발물질들이며 이 이온들의 양을 같은 당량의 탄산칼슘($CaCO_3$)에 해당하는 양(ppm)으로 환산하는 값이 물의 경도이다. 일반적으로 Ca와 Mg 이외의 원소들의 농도는 매우 낮아 물의 경도는 Ca^{2+}과 Mg^{2+}농도의 합으로 분석한다.

경도에 대한 WHO 기준은 60mg/L(as $CaCO_3$)이하를 연수(soft water) 60-120mg/L의 물을 중간 경수 그리고 120mg/L이상의 물을 경수로 분류한다. 이러한 과학적 분석기준이 아니라도 경수를 확인할 수 있는 것은 물과 비누의 반응이다. 경수에서 비누거품이 잘 일지 않고 비누 이용시 경수를 사용하면 욕실 바닥 등에 침전물이 생기는 것을 볼 수 있는데 이는 난용성 금속화합물 비누염 등에 따른 것이다.

p-블럭 원소

주기율표에서 p-블럭 원소 (p-block elements)들의 최외각전자(원자가전자)들은 p-궤도에 위치해있다. p-궤도는 공간상 직각으로 교차하며 세 방향을 향하는 Px, Py, Pz 있다. 즉, p-궤도는 최대 6개의 전자를 수용할 수 있고, 이에 따라 p-블럭 원소는 주기율표의 13족에서 18족으로 분류된다. p-궤도는 주양자수가 2 이상인 원자에서 처음 나타나고, p-블럭 원소는 2주기 이상에 위치한다.

13족에서 18족까지, 각 족의 첫 번째 (원자번호가 가장 적은) 원소는 B, C, N, O, F, He이며, p-블럭 원소들의 원자가궤도 (전자가 위치하는 가장 바깥 궤도)의 전자배치는 ns^2np^{1-6} (여기서 n은 주양자수이고 주기율표에서의 주기로 생각할 수eh 있다.)이다. 예외로는 18족에 속하는 첫 번째 원소 He은 1주기 원소이므로 p-궤도 없이 전자배치가 $1s^2$이다.

각 족의 원소는 원자가궤도의 전자배치는 같아도 내부궤도 (inner core)의 전자배치는 다르다. 다른 주기에 위치함은 내부전자의 수와 궤도 크기가 다른 것이고, 이는 각 원소의 원자 및 이온의 반지름, 이온화 에너지 등 물리적 성질뿐 아니라 그에 기인한 화학 반응의 차이 등을 일으킨다.

p-블럭 원소들의 최대 산화수(oxidation state)는 원자가전자의 수(최외각의 s-전

자와 p-전자 수의 합)와 같다. 따라서 각 족의 최대산화수는 13족에서 18족까지 주기율표의 오른쪽으로 갈수록 증가하며, 이 산화수 외에 화학적 환경에 따라 여러 가지 산화수를 나타내기도 한다.

〈표〉 p-블럭원소들의 일반적 전자배치와 대표적 산화수

족	13	14	15	16	17	18
전자배치	ns^2np^1	ns^2np^2	ns^2np^3	ns^2np^4	ns^2np^5	ns^2np^6
각 족의 첫 두 원소	B, Al	C, Si	N, P	O, S	F, Cl	He($1s^2$), Ne
최대산화수	+3	+4	+5	+6	+7	+8
기타 산화수	+1	+2, -4	+3, -3	+4, -2	+5, -1	+6, +2

p-블럭원소들의 특성은 크게 두 부류로 나누어 살펴볼 수 있다. 한 부류는 각 족의 가장 가벼운 p-블럭원소, 즉, 2주기 원소인 B, C, N, O, F, Ne으로 이 원소들은 2주기와의 다른 p-블럭 원소보다 크기가 작고, 크기로 인한 여러 성질을 나타낸다.

한편 p-블럭 원소만의 중요한 특징은, 2주기 p-블럭 원소에는 s-궤도와 p-궤도만 존재하고 d-궤도가 없지만, 3주기 이상의 p-블럭 원소에는 d-궤도가 존재하는 것이다. 2주기 p-블럭원소가 화학결합을 형성할 때는 2s-궤도와 2p-궤도 (2Px, 2Py, 2Pz)를 사용하여 최대 네 개의 공유 결합을 형성할 수 있다. 그에 비하여 3주기 p-블럭원소들의 전자배치는 $3s^23p^{1-6}$(p-궤도에 1 개에서 최대 6 개의 전자가 들어갈 수 있다) 이며 이 원소들의 주양자수는 3이므로, 13족에서 18족에 속하는 이 원소들의 3d-궤도엔 전자가 들어있지는 않지만, 3d-궤도를 갖고 있다. 이처럼 3주기 이상의 p-블럭 원소들은 d-궤도를 갖고 있고, 이를 이용하여 공유결합성을 확장할 수 있다. 예를 들어 13족 원소를 인 B과 Al의 플루오린 화합물을 비교해 보면,

2주기인 B의 화합물 BF_4^- 는 B가 가질 수 있는 최대 결합 수 4인 화합물이고, d-궤도를 갖고 있는 3주기의 Al은 결합수가 6인 착화합물 $[AlF_6]^{3-}$ 을 형성할 수 있다.

3주기 이상의 p-블럭원소들은 가벼운 2주기 p-블럭 원소들에 비해 크기가 크고 d-궤도를 갖고 있는 특성으로 인하여 여러 가지 화학적 차이를 나타낸다.

이상을 요약하면 주기율표의 13족에서 18족을 이루는 p-블럭은, 금속(metal), 비금속(non-metal) 그리고 준금속(metalloid) 등 모든 형태의 원소가 있는 독특한 영역이다. He을 제외하고는 ns^2np^{1-6} 의 원자가 전자배치를 갖고, 같은 족의 원소라도 내부껍질(inner shell)의 전자배치 차이가 물리적 성질과 화학반응의 차이를 일으킨다. 그리고 p-블럭 원소들의 산화수와 결합은 2주기 원소와 3주기 이상 원소에서 차이가 뚜렷한데 이는 3주기 이상의 원소에는 d-궤도가 존재하기 때문이다.

2.4.1 질소족 – 15족 원소

15족 원소는 질소족 원소로 질소(N, nitrogen), 인(P, phosphorus), 비소(As, arsenic), 안티몬(Sb, antimony) 그리고 비스무트(Bi, bismuth)이다. 같은 족 원소이지만 아래로 내려가면서 원소의 형태가 달라지는데, N, P는 비금속, As, Sb는 준금속 그리고 Bi는 전형적인 금속이다.

원소의 전자배치는 ns^2np^3 (여기서 n은 주양자수로 이는 주기율표의 주기에 해당)으로 s-궤도는 전자 한 쌍으로 완전히 채워져 있고 총 6개의 전자를 수용할 수 있는 p-궤도는 절반이 채워져 있어서 안정한 전자배치를 이루고 있다.

15족 원소들의 일반적인 산화수는 –3, +3, +5이다. 원자가전자가 5개이므로 전자

3개를 받아들여 (절반만 차 있는 p-궤도에 전자를 받아들여) 궤도를 채우는 경우 산화수가 -3이고, 원자가전자를 모두 잃는 경우 +5가 된다. 같은 족에서 아래쪽 원소들은 금속 성질이 크므로 양의 산화수를 갖는 경향이 크고, 가벼운 위쪽일수록 음의 산화수를 띠는 경향이 커진다. 실제로는 무거운 원소도 전자를 모두 잃고 +5 산화수를 띠는 것은 금속인 Bi 정도이고, 산화수는 +3이 일반적이다. 15족 원소 중 가장 가벼운 질소의 산화수는 아래 표에서 보는 것처럼 -3에서 +5까지 다양하다.

〈표〉 질소화합물과 질소의 산화수

화학식	한글 명명법	산화수	영문명	출처
NH_3	암모니아	-3	ammonia	비료
N_2	질소	0	nitrogen	공기
N_2O	일산화이질소	+1	dinitrogen oxide (nitrogen(I) oxide)	토양 속
NO	일산화질소	+2	nitrogen monoxide (nitrogen(II) oxide)	대기오염 NO_x
N_2O_3	삼산화이질소	+3	dinitrogen trioxide (nitrogen(III) oxide)	대기오염 NO_x
NO_2	이산화질소	+4	nitrogen dioxide (nitrogen(IV) oxide)	대기오염 NO_x
N_2O_5	오산화이질소	+5	dinitrogen pentoxide (nitrogen(V) oxide)	NO_x

15족 원소 중 d-궤도를 갖고 있지 않은 질소는 하나의 s-궤도와 세 개의 p-궤도를 이용해 최대 네 개의 공유결합을 이룰 수 있다. 이 질소는 3주기 이상의 무거운 15족 원소들과는 다른 특이성을 나타내는데, 크기가 작고 전기음성도가 크며 이온화에너지가 큰 값을 갖는 경향이, 나머지 원소들 사이에서 나타나는 차이 보다 크다.

질소는 같은 원소간 π-결합($p\pi$-$p\pi$)뿐 아니라 크기가 작고 전기음성도가 큰 주기율표의 이웃 원소(예: 탄소, 산소)들과 $p\pi$-$p\pi$ 결합을 이룰 수 있는데 이는 3주기 이상 원소에는 없는 특이성이다. 질소는 두 질소 원자 사이에 하나의 s-궤도와 두 개의 p-궤도로 삼중 결합이 형성되어 이원자분자(N_2, $N \equiv N$)를 구성하고, 그 결합엔 탈피는 매우 크다(941.4 kJ/mol). 그에 반하여 질소보다 큰 원소들, 인, 비소, 안티몬은 동일 원자 사이에 단일결합 P-P, As-As, Sb-Sb을 이루고 비스무트는 원소 상태에서 금속결합을 갖는 전형적인 금속 물질이다.

15족 원소(E)와 수소(H)는 반응하여 EH_3 (A=N, P, As, Sb, Bi) 형태의 수소화화합물을 생성한다. 가장 안정한 것은 암모니아(NH_3)이고 원자번호가 증가할수록 (주기율표의 아래쪽으로 내려갈수록) 화합물 안정성이 낮아지는 경향을 결합 해리에너지(bond dissociation energy) 감소로 알 수 있다. 화합물의 안정성이 낮아지는 것은 환원제로의 성격은 강해지는 것이며, 안정성이 큰 암모니아도 환원제 역할을 하지만 비교적 온화한 환원제이다. 15족 원소(E)가 산소(O)와 반응하는 주요한 두 형태 산화물은 E_2O_3와 E_2O_5이다. 같은 원소의 경우에는 산화수가 큰 산화물의 산성 성질(acidic character)이 더 강하다. E_2O_3 형태의 화합물의 경우 N_2O_3와 P_2O_3는 순수한 산성 성질을 띠지만 As와 Sb의 E_2O_3 형태는 양쪽성이고, 금속성이 강한 Bi의 화합물, Bi_2O_3는 주로 염기성을 띤다.

2.4.2 산소족 – 16족 원소

16족 원소는 산소(O, oxygen), 황(S, sulfur), 셀레늄(Se, selenium), 텔루륨(Te, tellurium) 그리고 폴로늄(Po, pollonium)이다. 원소들의 원자가 전자 배치는 ns^2np^4로써 S-궤도는 전자가 모두 차있고 P-궤도에 4개의 전자가 들어있다.

여기서 n은 양자역학에서의 주양자수이며, 각 원소가 속한 주기율표의 주기와 일치하는데 산소에서 폴로늄까지 원자가 전자가 위치하는 주양자수 n은 2에서 6까지 이다.

16족 원소들은 생물의 삶에 밀접하게 관련되어 있다. 우리는 산소가 인간의 생명에 필수적일뿐 아니라 모든 물질 작용에 항상 연관되어 있음을 알고 있다. 황도 마찬가지로 생물의 필수원소 중 하나이며 유기 생명체의 단백질 구성에 기여한다. 그 외에 자연현상에서뿐 아니라 산업활동에서도 16족 원소들의 거동은 중요한 의미를 갖는다.

산소에서 폴로늄에 이르기까지 원자번호가 증가하면서 원자 내의 전자수가 증가하고 그에 따라 원자크기가 커지면서 16족 원소의 물리적 성질이 일정한 경향을 나타낸다. 산소와 황은 비금속(non-metal)이며 셀레늄은 비금속이면서도 금속성을 띠어 반도체 물질로도 쓰이며 델루늄은 준금속(metalloid)이고 폴로늄은 금속(metal)이다.

16족에서 아래쪽에 위치하는 원소일수록, 즉 원자 반지름이 큰 원소일수록 일차 이온화에너지가 작고 전기음성도도 감소한다. 16족 원소가 갖는 가장 일반적인 산화스는 −2이다. 이는 원자가 전자배치 ns^2np^4에서 전자가 채워져 있지 않은 P-궤도에 전자 2개가 채워진 형태이다. 한편 황의 일반적인 산화수는 +4, +6이고 Se, Te, Po 에서는 +2, +4, +6의 산화수가 가능한데 이는 S-궤도와 P-궤도의 원자가 전자가 떨어져 나간 이온형태이다.

산소는 지각이나 인체 구성에서 질량비가 가장 큰 원소이며 대기 구성에서는 질소 다음으로 많은 원소이다. 산소가 화합물을 구성함에 가장 일반적인 산화수는 −2 이지만 −1, 0 그리고 −1/2 산화수의 화합물도 형성한다.

　산소 산화수가 -2인 물질은 산화물(-oxide)라고 하는데 금속산화물은 대부분 이온 화합물로써 물에 녹아 수산화물을 생성한다. 그에 비하여 비금속산화물은 녹는점이나 끓는점이 낮은 단순한 공유화합물이다.

　산화수가 -1인 산소화합물은 과산화물(-peroxide)이라 하는데 Na_2O_2, BaO_2와 같은 화합물이 이에 속하고, 산화수가 $-1/2(O_2^-)$인 산소화합물은 초과산화물(superoxide)이라 명명하며, KO_2(초과산화포타슘, potassium superoxide)가 한 예이다.

　산소화합물의 구조에서 산소원자가 중심에 놓여있는 경우는 드물고 산소가 4개 이상의 원소와 결합된 화합물이 존재하지 않음은 원자크기가 작고 원자가 껍질이 팽창할 수 없는 것으로 설명할 수 있다. 예외적으로 산소원자가 화합물 구조의 중심에 위치히는 물분자는 강한 수소 결합을 형성하고 큰 쌍극자 모멘트를 갖는 극성화합물이다.

　산소는 다양한 반응을 통하여 많은 무기화합물과 유기화합물을 형성한다. 앞서 설명한 산화물, 과산화물, 초과산화물과 탄산염(carbonate)외에 유기화합물로써 알코올(alcohols), 이서(ethers) 그리고 알데히트(aldehydes), 케톤(ketanes), 에스테르(esters), 아마이드(amides), 카르복실산(carboxylic acids)과 같은 카르보닐(carbonyl)등 수 많은 화합물 속에 산소가 들어가 있다.

　16족 원소 중에서 산소를 제외한 3주기의 황과 그 아래쪽 원소들은 d-궤도를 갖고 있다. 이 때문에 같은족에 속한 비금속원소 이면서도 산소와 황은 크기뿐 아니라 화학적 성질의 차이를 나타내며, 산소와 황사이의 특성 차이는 d-궤도를 갖는 원소들(S, Se, Te, Po) 사이의 차이보다 크다.

　황은 주기율표에서 가장 많은 동소체(allotrope)를 갖는 원소인데, 가장 일반적인 고리구조의 고체 S8 외에 기체 상태 동소체로 S, S_2, S_4, S_6, S_8 가 존재하는 등 독특한 원소 특성을 갖는다. 공기중 산소와 결합하며 이산화황(SO_2: sulfur dioxide)과 삼산화황(SO_3: sulfur trioxide)을 형성하고 이는 황산(H_2SO_4: sulfuric acid) 제조에 사용될 수 있다.

황의 산화수는 −2에서 +6까지 폭 넓게 다양한 화합물을 이룬다. 그리고 산소와는 달리 주로 화합물 구조의 중심에 위치하고, 다른 원자와의 결합도 6개 까지 형성할 수 있으며, 무기화합물로서 뿐 아니라 황 원소를 포함한 다양한 유기화합물이 존재한다.

2.5 전이 금속 원소

주기율표에서 2족과 12족 사이에 위치한 원소들은 d-블록 원소와 f-블록 원소로 구별할 수 있는데 이 들을 함께 전이금속원로로 나타내기도 한다.

d-블록(d-block) 원소들은, 3족에서 12족에 이르는 10개의 족에 속하며 이 원소들의 d-궤도에 최대 10개의 전자가 전자번호 증가 순서대로 채워진다. d-블록 원소들은 4주기에서 7주기의 네 개의 장주기(long-period)에 속하는 원소들이며, 각 주기 원소들의 원자가 전자는 주기별로 3d-궤도에서 6d-궤도에 위치하고 있는데 일반적인 전자배치는 $(n-1)d^{1-10}ns^{1-2}$ 이다(n은 원소가 속하는 주기). 이 원소들은 전이금속(transition metal)이라고도 한다.

한편 6주기와 7주기의 3족 원소는 각각 란타넘($_{57}$La: lanthanum)과 악타늄($_{89}$Ac: actinium) 이며 La 위치에 원자번호 58번에서 71번, Ac 위치에 원자번호 90번에서 103번에 이르는 14대 원소가 있다. 이 원소들의 원자가 전자 들은 각각 4f-궤도와 5f-궤도에 순차적으로 배치되어 있는 구조이므로 이 원소들을 f-블록(f-block)원소로 분류한다.

이들을 란타넘계열 및 악타늄 계열 원소라고도 부르며, 이 두 계열원소는 내부 전이금속(inner transition metal)에 속한다.

  엄격히 말하면 전이금속 원소는 바닥상태나 어떤 산화상태에서 전자들로 완전히 채워지지 않은 d-궤도를 갖고 있는 원소를 가르킨다. 하지만 바닥 상태의 전자배치에서 d-궤도가 10개의 전자로 채워져 있는 아연($_{30}$Zn: $3d^{10}4s^2$), 카드뮴($_{48}$Cd: $4d^{10}\ 5s^2$) 그리고 수은($_{80}$Hg: $5d^{10}\ 6s^2$)이나 이 원소들의 이온(S-궤도의 전자를 잃고 생성되는 양이온)들은 전이금속 원소로 다룬다.

2.6 원소의 주기성

2.6.1 원자 반지름

주기율표를 바탕으로 전자 배치를 이해할 수 있으며, 전자 배치로 설명할 수 있는 원소의 주기적 성질 중 하나는 원자 반지름(Atomic Radius)이다. 원자 반지름은 주기율표의 각 족에서 아래로 내려갈수록 증가하는데 이는 주양자수 증가 혹은 핵에서 멀어진 정도가 큰 원자가 껍질에 있는 궤도에 마지막 전자가 채워지기 때문이다. 주기율표에서 각 주기의 왼쪽에서 오른쪽으로 갈수록 원자 반지름이 감소하는 것은 원자 번호가 증가하는 만큼 핵 속의 양자수가 증가하고 그에 따라 원자가 전자에 대한 유효 핵전하(Z_{eff}: Effective Nuclear Charge)가 증가하는 것으로 설명할 수 있다.

〈표〉 원자의 반지름 (단위: pm)

Ia	IIa	IIIa	IVa	Va	VIa	VIIa	VIIIa
H 37							He 31
Li 152	Be 112	B 85	C 77	N 70	O 73	F 72	Ne 70
Na 186	Mg 160	Al 143	Si 118	P 110	S 103	Cl 99	Ar 98
K 227	Ca 19	Ga 135	Ge 123	As 120	Se 117	Br 114	Kr 112
Rb 248	Sr 215	In 166	Sn 140	Sb 141	Te 143	I 133	Xe 131
Cs 265	Ba 222	Tl 171	Pb 175	Bi 155	Po 164	At 142	Rn 140

2.6.2 이온화 에너지

중성 원자에서 전자 하나를 떼어내어 이온을 형성하는데, $A \rightarrow A^+ + e^-$, 필요한 1차 이온화 에너지(Ionization Energy)는 각 주기에서 원자 번호가 증가함에 따라, 즉 왼쪽에서 오른쪽으로 갈수록 증가하는데 이는 원자 반지름의 경향과 마찬가지로 최외각 전자에 대한 유효 핵전하의 증가에 따른 것이다.

한편, 같은 족 내에서는 위에서 아래로 내려갈수록 즉 원자번호가 증가할수록 감소하는데, 이는 주양자수 증가에 따라 1차 이온화에 기여하는 최외각 전자가 핵에서 멀리 떨어진 까닭이다.

특히 주족 원소 중 1족의 알카리 금속의 경우 1차 이온화 에너지는 매우 작아서 쉽게 이온화하고, 일반적으로 화합물을 형성할 때 양이온의 특성을 갖는다.

한편, 주족 원소 중 8족의 비활성 기체는 전자 껍질 내의 모든 궤도에 전자가 채워져 있는 상태이므로 매우 큰 이온화 에너지 값을 갖는데 이는 이온화가 잘 일어나지 않음을 의미한다.

〈표〉 원자의 1차 이온화 에너지 (단위: KJ/ mol)

Ia	IIa	IIIa	IVa	Va	VIa	VIIa	VIIIa
H 1,310							He 2,300
Li 520	Be 900	B 800	C 1,090	N 1,400	O 1,310	F 1,689	Ne 2,080
Na 490	Mg 730	Al 580	Si 780	P 1,060	S 1,000	Cl 1,250	Ar 1,520
K 420	Ca 590	Ga 580	Ge 780	As 960	Se 950	Br 1,140	Kr 1,350
Rb 400	S 550r	In 560	Sn 700	Sb 830	Te 870	I 1,010	Xe 1,170
Cs 380	Ba 500	Tl 590	Pb 710	Bi 800	Po 810	At -	Rn 1,030

2.6.3　전자 친화도

원자의 화학적 특성에 큰 영향을 끼치는 특성 중 하나로 전자 친화도(Electron Affinity)가 있다. 이것은 원자가 전자를 한 개 혹은 그 이상 받아들일 수 있는 능력인데, 실험적 정의로는 기체 상태의 원자가 전자 하나를 받아들일 때, 즉 반응, $X(gas) + e^- \rightarrow X^-(gas)$에서 나타나는 에너지 변화로 나타낸다.

한 예로 플루오린 기체 원자가 전자를 받아들일 때의 반응 과정을 보면, $F + e^- \rightarrow F^-$, $\Delta H = -328\,KJ/mol$로 플루오린의 전자 친화도는 $+328\,KJ/mol$이다. 원소의 전자 친화도가 클수록(큰 양의 값을 가질 수록), 원자가 전자를 받아들이려는 경향이 커지는 것이고, 생성된 음이온이 매우 안정하다는 것을 의미한다.

아래 표는 몇 가지 원소의 전자 친화도를 나타낸 것이다. 일반적인 경향은 같은 주기 내에서, 왼쪽에서 오른쪽으로 갈수록 전자를 받아들이는 정도가 증가하면서 전자 친화도 값이 커지며, 비활성 기체는 전자 친화도가 거의 영의 값을 갖는다. 금속 원소의 전자 친화도는 일반적으로 비금속에 비해 낮다.

〈표〉 원소의 전자 친화도 (단위: KJ/ mol)

Ia	IIa	IIIa	IVa	Va	VIa	VIIa	VIIIa
H 73							He ⟨0
Li 60	Be ~0	B 27	C 122	N 0	O 141	F 328	Ne ⟨0
Na 53	Mg ~0	Al 44	Si 134	P 72	S 200	Cl 349	Ar ⟨0
K 48	Ca 2.4	Ga 29	Ge 118	As 77	Se 195	Br 325	Kr 0
Rb 47	Sr 4.7	In 29	Sn 121	Sb 101	Te 190	I 295	Xe ⟨0
Cs 45	Ba 14	Tl 30	Pb 110	Bi 110	Po	At	Rn ⟨0

주기율표의 나이는 154세!

"저는 이 일이 모든 시대를 통틀어 가장 위대한 과학 성과 중 하나라고 생각합니다. 우리는 일상에서 일어나는 일들을 간단한 이차원 그림과 연결할 수 있습니다."

이는 California magazine이 2019년 가을 '주기율표가 150년이 되었습니다. 박수를 보냅시다!'라는 기사에 인용한 캘리포니아 Berkeley 대학 J. Arnold 교수의 말이다.

현대 주기율표 역사는 1869년 러시아의 과학자 드미트리 멘델레프(Dmitri Mendeleev)가 그때까지 알려진 63개의 원소를 무게와 화학적 성질에 따라 가로와 세로에 2차원으로 배치하였다. 그는 분류에 따라 인을 15번으로 지정했고, 주변에 존재할 것으로 예상됨에도 그 당시까지 발견되지 않았던 원소들의 위치는 배치표에 빈칸으로 남겨두었다. 특히 Mendeleev는 원소의 특성이 무게가 증가하면서도 주기적으로 반복된다는 것을 인식하고 그 유사성에 근거하여 원소를 8개의 군(Group)으로 나누어 배치하였다.

이 주기성에 따른 법칙에 힘입어 당시까지 알려지지 않았던 갈륨(Ga), 저마늄(Ge), 스칸듐(Sc)의 물리·화학적 성질을 비교적 상세히 기술하였다. Men- deleev의 작업은 당시의 측정 방법이 오늘날과 비교할 수 없을 정도로 초보적이고, 특히 원자 내부 구조에 대한 지식이 없던 시기였기에 그 가치가 위대하다고 할 수 있다. 사실 Mendeleev 주기율표 작업은 그 이전의 여러 과학자들의 연구 바탕 위에 이루어진 것이고, 특히 독일의 로타 마이어(Lothar. Meyer)와 거의 동시에 현대 주기율표의 초기 모델을 고안했지만, Mendeleev 모델이 먼저 공표되면서 그가 주기율표의 창시자가 되었다. 아무튼 Mendeleev와 Meyer가 고안한 원소의 주기율표는 달톤의 원자 모델에 기반을 두었지만, 그 당시까지 아무도 전자나 양성자의 존재는 알지 못했다.

그렇게 탄생한 원소의 주기율표는 가장 인지도가 높은 과학 아이콘이 되었고 올해 (2023년) 154세가 된다. 주기율표에 관한 문헌과 기사를 찾아보고 읽으면서 과학의 이정표를 바탕으로 물질 과학의 넓은 세계 여향을 시작할 수 있다.

다음 웹 주소는 Mendeleev의 원소 주기율표 탄생 150주년을 기념하는 문헌을 볼 수 있는 곳이다.

미국화학회(ACC: American Chemical Society) 그리고 세계적으로 가장 권위있는 과학지 'Nature'와 'American Scientist'의 자료를 안내하였다. 이 자료들은 자기 주도 학습을 통해 더 많은 자료를 탐색하고 지식을 늘이면서, 스스로 질문하고 답을 찾아나서는 지식 여행의 출발점이 될 수 있다.

(1) https://www.acs.org/content/dam/acsorg/education/resources/ highschool/chemmatters/issues/2018-2019/february-2019/ periodic-table-150.pdf

"The Periodic Table turns 150. Is the best yet to come?"

(2) https://www.nature.com/articles/d41586-019-00281-z

"Anniversary celebrations are due for Mendeleev's periodic table."

(3) https://www.americanscientist.org/blog/macroscope/the-perio dic-table-at-150

"The Periodic Table at 150"

3장

대기권 화학

지구의 대기를 구성하는 물질은 중요한 성분만 고려해도 50 여개의 화학물질이 존재하고 이들은 수많은 화학 평형을 통해 서로 연관되어 있다. 이 대기권 조성 물질의 기본적 거동을 요약하면 다음과 같이 기술할 수 있다.

- 물질 입자의 농도는 응축된 상태의 권역(수질권, 지질권)에 비해 매우 낮으며, 지표면에서 고도가 증가할수록 급격히 감소한다.
- 태양으로부터 유입되는 전자기파와 작용하여 들뜬 상태의 화학종을 생성하는 등 수많은 반응이 일어날 수 있다.
- 대기권에서 산소의 농도가 높으므로 강한 산화반응조건이 지배적으로 존재한다.

대기권 분류는 지상에서 수직 방향으로 고도에 따라 지면에 접한 대류권(troposphere)에서 시작하여, 성층권(stratosphere), 중간권(mesosphere), 열권(thermosphere) 및 외기권(exosphere)으로 나눈다. 나누어지는 각 권역의 상부 경계면을 일컬어, 대류권 계면(tropopause: 지상 8-18 km 부근), 성층권 계면(stratopause, 지상 50-55 km 부근), 중간권 계면(mesopause, 80-85 km 부근), 열권 계면(thermopause, 약 500 km 부근)이라 하고, 각 계면에서 대기권 온도 증감 경향이 바뀐다. 각 권역은 온도 증감의 경향, 대기 구성 물질의 종류와 농도 및 그에 따른 대기압 차이 등에서 서로 다른 특성을 나타낸다.

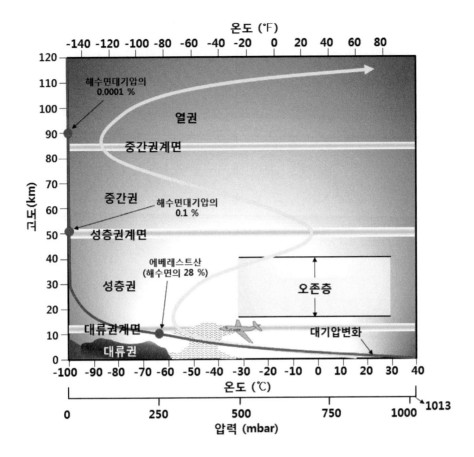

〈그림〉 대기의 권역 구분과 고도에 따른 대기 온도와 압력 변화

　　대기 각 영역에서의 온도 기울기는 대기 구성 입자와 태양의 전자기파 간의 상호작용에 따른 결과이다. 열권 영역에서는 매우 짧은 파장의 자외선(175 ㎚ 이하의 파장)이 대기 구성 물질에 정량적으로 흡수되어 구성 성분들이 이온화 된다. 중간권과 성층권의 영역에서는 파장이 175 ㎚-242 ㎚인 자외선이 질소 분자의 광학 활성이나 산소 분자의 해리에 기여함으로써 오존 등의 구성 물질을 생성한다. 오존은 210 ㎚-300 ㎚ 사이의 태양광선을 흡수함으로써(흡수 최대 파장은 255 ㎚) 중간권과 성층권의 온도를 상승시키는데 기여하며, 성층권 상부인 성층권 계면에서의 대기 온도는 지구 표면의 평균 온도와 유사한 성층권 최고 온도가 된다.

지구 대기권에 유입되는 태양 에너지($342\ Jm^{-2}s^{-1}$)의 45 % 정도만 지표면에 도달한다. 이 복사선의 파장은 290 ㎚에서 2200 ㎚ 범위이다. 그 중에서 주된 파장은 400-800 ㎚영역인데, 대기권에 유입된 짧은 파장의 복사선은 성층권에서 흡수되고 긴 파장은 H_2O, CO_2와 같은 대류권 기체와 상호작용하면서 약해진다. 지표면에 도달한 에너지의 일부는 열복사 및 수증기 증발(구름 형성)등을 통하여 다시 대류권으로 돌아간다. 이런 과정으로 인해 지표면에서 고도가 증가할수록 나타나는 대류권의 온도 하강은 약 6.5 ℃/㎞ 정도로 성층권이 나타나는 대류권 경계면까지 이어진다.

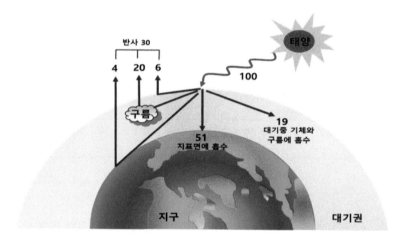

〈그림〉 지구에 유입되는 태양 에너지

대류권은 극지방에서는 고도 8 ㎞, 적도 부근에서는 고도 18 ㎞에 이르고, 지구 대기 질량의 약 80 %가 모여 있는 곳으로, 수질권 및 지질권과 물질 교환이 일어나는 영역이다. 깨끗하고 건조한 공기로 이뤄진 대류권의 평균적인 화학적 조성은 질소, 산소 및 아르곤, 이산화탄소 외에, 약 0.002 %는 다양한 미량 기체로 이루어져 있다.

건조 공기의 평균 분자량은 28.97이다. 수증기로 포화된 공기는 20 ℃에서 17.3 g/㎥의 물을 함유한다. 대류권의 물 농도는 0.5-15 g/kg으로 지리학적 지역과 계절 및 기후에 따른 편차가 매우 크기 때문에, 이러한 불균일 특성으로 인해 대기 조성 비를 언급할 때 다른 기체와는 달리 다루기도 한다.

　대기 조성 물질과 그 비율을 기술함에 있어서 단기적이고 지역적인 대류권의 변화는 화산활동이나 자연재해 같은 자연적인 과정과 에너지 생산이나 산업과 같은 인간 활동에 따른 배출에 따른 결과가 영향을 끼친다. 에너지 생산으로 인해 대류권의 이산화탄소 농도는 지난 한 세기 동안 0.029 %에서 현재 약 0.035 %로 변하여 증가율이 20 %가 넘으며, 그 외에 황화물, 질소화합물 및 일산화탄소 등 여러 기체들의 농도 변화도 유사하게 나타난다. 대류권 구성 성분에는 기체 외에도 부유물질이나 먼지와 같은 입자상 물질이 있는데, 일반적으로 직경이 10^{-6} mm에서 10^{-1} mm 범위에 이르러 분자 정도의 미세입자에서부터 빠르게 침강하는 굵은 입자까지 다양한 크기와 화학적 특성을 지닌다. 이런 입자 생성 역시 자연적인 발생과 인간 활동에 의한 것이 있으며, 궁극적으로는 침강과 응집을 통해 지표면에 영향을 끼치게 된다.

대기 구성 성분 중 성층권에서 가장 특징적인 기체는 오존(Ozone, O_3)이다. 성층권의 오존이 지표면의 생태계와 밀접한 관계를 갖는 것은, 태양에서 지구에 도달하는 자외선 중 비교적 파장이 짧고 에너지가 커서 생물체의 세포 등에 위해성을 나타낼 수 있는 자외선을 성층권 오존이 차단함으로써 지구의 생태계를 보호한다.

오존은 성층권 내에서 수직적인 농도 분포 특성을 나타내는 데, 성층권에 존재하는 이 오존은 광화학 반응을 통해 생성되고 분해되면서 현재의 농도를 나타내고 있다. 다음 그림은 고도에 따른 대기권에서의 오존 농도와 오존의 기체 혼합비(대기에 존재하는 오존의 부피를 대기권 모든 조성 기체의 총 부피로 나눈 비율)를 나타낸 것이다.

그림에서 보는 것처럼 다른 권역에 비하여 성층권에서의 오존 농도와 오존 기체 혼합비가 상대적으로 매우 크며, 오존 농도가 최대인 지점은 지상 약 23 ㎞ 지점이고, 오존 기체 혼합비가 최대인 지점은 지상 약 36 ㎞ 지점이다. 이는 고도가 높아짐에 따라 오존에 비해 다른 조성 기체의 단위 부피당 존재량이 급격히 감소하고, 기체 분자 해리를 일으킬 수 있는 전자기파의 방사 에너지(radiation energy)는 증가하는 데 기인한다.

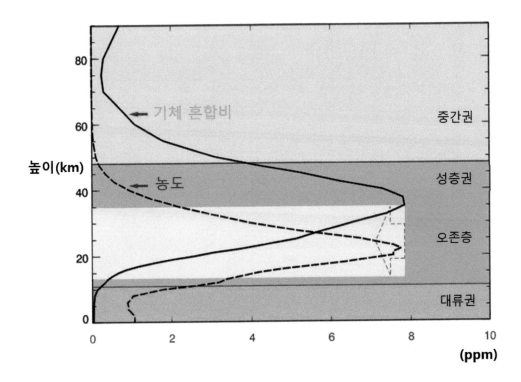

〈그림〉 고도에 따른 대기권에서의 오존 농도와 오존 기체 혼합비

3.2.1　성층권의 화학

　광분해(photolysis)란 빛이 물질을 분해하는 반응으로, 빛 에너지에 의해 물질의 화학 결합이 끊어지고 새로운 화학종을 생성하는 반응이다.

　전자기파는 광자(photon)의 흐름이며, 그 광자 한 개가 갖는 에너지, E, 는 다음과 같다.

$$E = h\nu$$

h: 플랑크 상수, 6.63×10^{-34} J·S

ν : 전자기파의 진동수

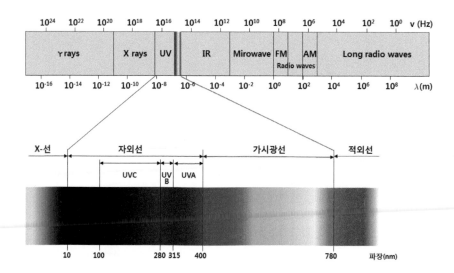

〈그림〉 전자기 복사선의 종류와 자외선 및 가시광선의 파장 영역

전자기파인 빛이 화학반응을 일으키려면 그 빛을 구성하는 광자는 다음 두 조건을 충족해야 한다.

첫째, 광자는 화학 결합을 끊거나 화합물에서 전자 하나를 떼어 내기(이온화)에 충분한 에너지를 갖고 있어야 한다.

둘째, 광자는 분자에 흡수되어야 하는데, 이는 광자의 에너지가 분자 내에서 다른 형태의 에너지로 전환되어야 한다는 것을 말한다. 광자가 분자 속으로 흡수되어야만 광화학 반응이 일어난다.

광분해의 한 예로 산소 분자 기체를 고려해 보자. 산소 분자에 광자가 흡수되면 다음과 같은 해리(dissociation) 반응, 즉 광분해(photolysis)가 일어난다.

$$O_{2(g)} \xrightarrow{\ h\nu\ } 2O_{(g)}$$

한 분자 내의 산소 원자 사이에 존재하는 이중 결합을 끊기 위해서는 그 결합 에너지($495\ K \cdot J \cdot mol^{-1}$) 이상의 에너지가 필요하다. 즉 해리 에너지(dissociation energy)는 결합의 세기에 해당하며, 1몰의 산소 분자, 즉 Avogadro 수에 해당하는, 6.02×10^{23}개의 산소 분자를 원자로 분리하는데 필요한 에너지이다. 따라서 분자 한 개에 대한 해리 에너지는

$$E = \frac{495 \times 10^3 J \cdot mol^{-1}}{6.02 \times 10^{23} \, mol^{-1}} = 8.22 \times 10^{-19} J$$

그러므로 이 에너지에 해당하는 에너지는, E= $h\nu$로부터:

$$\nu = \frac{E}{h} = \frac{8.22 \times 10^{-19} \, J}{6.63 \times 10^{-34} \, J \cdot S} = 1.24 \times 10^{-15} \, S^{-1}$$

이 진동수에 해당하는 파장 λ는 빛의 속도식,

c=$\nu \cdot \lambda$ (c는 빛의 속도: 3.00×10^8 m·s^{-1}) 으로 부터 계산할 수 있다. 즉,

$$\lambda = \frac{c}{\nu} = \frac{3.00 \times 10^8 \, m \cdot s^{-1}}{1.24 \times 10^{-15} s^{-1}} = 2.42 \times 10^{-7} \, m$$
$$= 242 \times 10^{-9} \, m$$
$$= 242 \, nm$$

이 결과는 242 ㎚ 이하의 파장을 갖는 광자는 기본적으로 위의 반응식, $O_2 \rightarrow O$, 과 같이 산소 분자를 산소 원자로 분해할 수 있다는 것을 의미한다.

광분해 반응에서 분자 해리에 필요한 광자 에너지는 $E = h\nu = \frac{h \cdot c}{\lambda}$ 에서 알 수 있듯이 진동수가 클수록 그리고 파장이 짧을수록 크다. 즉, 광분해를 통하여 화학 결합을 끊을 때, 결합의 세기가 강할수록 필요한 해리에너지는 크기 때문에 광분

해에 필요한 빛의 파장은 짧아야 한다.

대기권 조성 물질의 광분해 정도는 고도에 따라 증가하는데, 이는 지표면 근처나 상대적으로 고도가 낮은 곳에서 광분해가 잘 일어나지 않는 좀 더 안정한 화합물들도 높은 고도에서는, 태양에서 그곳에 이르는 짧은 전자기 복사선이 갖고 있는 큰 에너지에 의해 쉽게 분해 될 수 있다는 것을 말한다. 다음 표는 주요한 대기 조성 물질의 화학 결합과 그 결합을 끊는데 필요한 해리 에너지 및 그에 상응하는 전자기 복사선의 파장을 나타낸다.

〈표〉 대기 조성 화합물의 해리 에너지와 그에 해당하는 전자기 복사선 파장

결합(화합물)	해리 에너지(KJ/ mol)	파장(nm)
C ≡ O (CO)	1077	111
N ≡ N (N_2)	941	127
H − F (HF)	570	210
O = O (O_2)	495	242
H − H (H_2)	436	275
H − Cl (HCl)	432	277
Cl − Cl (Cl_2)	243	493
H − O (H_2O)	460	260
H − C (CH_4)	410	292
O⋯O (O_3)	386	310
C − F (CH_3F)	450	266
C − Cl (CH_3Cl)	330	362
C − Br (CH_3Br)	270	443
O − N (O − NO)	300	398
O − N (O − NO_2)	190	629
HO − O (HO − OH)	142	841

3.2.2　오존의 생성과 분해

성층권에서 산소 분자와 산소 원자 및 오존 분자가 광화학 반응을 통하여 하나의 생성과 분해(formation and destruction)를 이루는 반응 메커니즘(reaction mechanism)은 채프만순환(Chapman cycle)으로 알려져 있다.

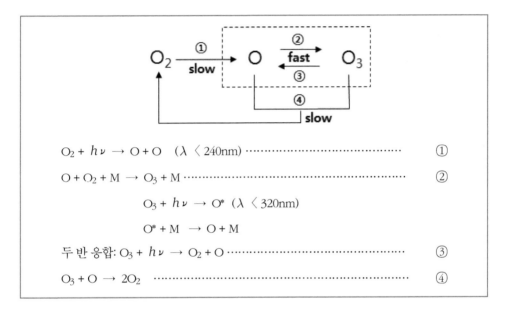

$$O_2 + h\nu \rightarrow O + O \quad (\lambda < 240nm) \cdots\cdots\cdots\cdots\cdots\cdots ①$$

$$O + O_2 + M \rightarrow O_3 + M \cdots\cdots\cdots\cdots\cdots\cdots\cdots\cdots\cdots\cdots\cdots ②$$

$$O_3 + h\nu \rightarrow O^* \quad (\lambda < 320nm)$$

$$O^* + M \rightarrow O + M$$

두 반응합: $O_3 + h\nu \rightarrow O_2 + O \cdots\cdots\cdots\cdots\cdots\cdots\cdots\cdots\cdots ③$

$$O_3 + O \rightarrow 2O_2 \cdots\cdots\cdots\cdots\cdots\cdots\cdots\cdots\cdots\cdots\cdots ④$$

〈그림〉 Chapman 순환: 성층권에서의 촉매 없는 오존 생성과 분해

오존이 생성되는 성층권에는 이렇게 생성된 오존을 파괴하는 산소 화학종 이외의 화학물질들도 있는데, 이들은 자연적으로 생겨나거나 인간의 산업 활동 등에 의해 생성된 것들이다. 이렇게 발생된 화학물질들이 성층권으로 이동하는 것은 화산 활동이나 비행체 배기가스 확산 등에 의한 것 외에도, 적도 지방의 강한 상승기류에 의해 대류권에서 성층권으로 유입되는 것들이 있는데, 이 물질들 중 대표적인 것으로는 염화불화탄소화합물(CFCs: chlorofluorocarbons), 메테인(CH_4: methane), 일산화이질소(N_2O: nitrous oxide, 아산화질소) 그리고 물(H_2O: water) 등이 있다. 이 화합물들은 성층권에서 자외선에 의해 분해되고, 그 부산물로 염소원자(Cl:

chlorine), 수소원자(H: hydrogen), 이산화질소(NO_2: nitrogen dioxide), 일산화염소(ClO: chlorine monoxide), 수산화 라디칼(•OH: hydroxyl radical)과 같은 라디칼(radical)을 생성하는데, 이 라디칼들은 오존 파괴 공정에서 핵심 역할을 하는 반응성이 큰 화학종들이다. 에어로졸이나 구름 등은 그 표면에서 위의 화학물질들이 반응하도록 반응자리(reaction site)를 제공함으로써 오존 감소를 가속화하기도 한다. 따라서 화산 구름이나 성층운 등은 성층권의 오존 농도 감소에 간접적으로 기여할 수 있다. 그 대표적인예가 극지방, 특히 남극 상공에서의 성층운 에서 일어나는 오존층 파괴로 인한 오존 홀(ozone hole) 생성이다.

앞의 그림에 나타낸 대로 1930년 Chapman이 규명한 성층권의 오존 생성과 소멸에 대한 주된 반응에서 빛에 의한 오존 생성과 화학종 반응에 의한 오존파괴 메카니즘은 다음과 같다.

$$O_2 + h\nu \xrightarrow{\;\;M\;\;} O + O$$

$$O + O_2 \rightarrow O_3$$
$$O + O_3 \rightarrow O_2 + O_2$$

또 하나의 오존 파괴과정은 생성된 오존이 햇빛 중 자외선을 흡수하면서 산소 원자와 산소분자로 갈라지는 해리반응이다. 이 빛에 의한 오존 파괴과정에서 생성된 산소원자는 여기되어 주변의 산소 분자와 만나 다시 오존을 생성한다. 이 순환 메카니즘을 아래에 나타내었고, 이 과정은 영-싸이클(Null-cycle: Null은 독일어로 영어의 zero이다)을 이루게 된다.

$$O_3 + h\nu \rightarrow O + O_2$$
$$O \rightarrow O^*$$
$$O^* + O_2 \rightarrow O_3$$

위와 같은 반응계로부터 산정한 오존 농도는 고도 36 ㎞에서 17 ppm이었으나, 기구를 이용해 30 ㎞ 고도에서 실제 측정한 농도는 6~8 ppm이었다. 과학자들은 이 차이가 무엇 때문인지 연구하는 과정에서, 산소 화학종의 분해와 결합에 의해 오존 생성 파괴를 규명한 chapman 순환이외에 다른 화학종들도 성층권의 오존 생성과 파괴에 영향을 끼치는 것을 알게 되었다.

3.2.3 성층권의 오존 파괴

성층권에서 O, O_2, O_3와 같은 산소화학종 외에, 오존 생성과 파괴에 촉매로 관여하는 또 다른 화학종들은 수소(HOx), 질소(NOx), 염소(ClOx) 화합물들로, 반응 과정에 OH/HO_2, NO/NO_2 및 Cl/ClO와 같은 라디칼(radical) 쌍이 나타나는데, 이들은 성층권에 존재하거나 대류권에서 유입된 전구물질로부터 생성된, 반응성이 큰 기체 화학종 들이다

그 밖에 성층권의 하단부에서는 브롬화학종(BrO)도 오존 파괴에 관여한다. 여러 촉매가 포함되는 오존 파괴 반응은 일반적으로 다음과 같이 쓸 수 있다. 촉매를 X로 표기하면:

$$X + O_3 \rightarrow XO + O_2$$

$$XO + O \rightarrow X + O_2$$

$$전체반응: O + O_3 \rightarrow O_2 + O_2$$

여기서 X는 촉매로 작용하는 라디칼 화학종, H, OH, NO, Cl, Br, F 등이다.

(1) 수소 산화물 라디칼(hydrogen oxide radicals: HOx; HO/HO₂)

1950년대에 Bates와 Nicolet은 다음과 같이 성층권의 수증기가 산화하면서 생긴 수소 산화물 라디칼 화학종, HO/HO₂, 들이 촉매로 작용하는 오존 분해 반응이 가

능하다는 것을 규명하였으나 측정된 성층권 오존 농도를 정량적으로 설명하기엔 여전히 부족하였다.

$$O_3 + OH \ \rightarrow \ O_2 + HO_2$$

$$HO_2 + O \ \rightarrow \ O_2 + OH$$

$$전체반응: \ O_3 + O \ \rightarrow \ O_2 + O_2$$

수산화 라디칼은 수증기와 불안정한 산소 원자 사이의 반응에서 생긴다.

$$H_2O + O \ \rightarrow \ OH + OH$$

이 산소 원자는 오존 광분해에서 생성된다. 한편 이 반응에 기여하는 수증기는 대류권 물 순환과는 분리되고, 차가운 대류권 경계면(온도 약 200 K)이 냉각관처럼 작용하면서 대부분 성층권 내에서 형성된 것이다. 성층권 수증기의 주된 출처는 OH라디칼이 CH_4를 산화하여 생겨나는 것인데, 이 CH_4는 대류권에서 유입된다.

$$CH_4 + OH \ \rightarrow \ CH_3 + H_2O$$

대류권에서 실질적으로 비활성인 CH_4는 OH 와의 반응 시간이 매우 길어서 대류권 토양에서 배출된 CH_4는 성층권까지 도달할 수 있다. CH_4의 가장 주된 출처는 혐기성 상태에서 박테리아에 의해 생성된 것인데, 그에 해당하는 자연 근원지는 습한 지역, 해양, 곤충과 같은 동물의 소화기관 등이다. 인간 활동과 관계된 곳은 쌀 경작지, 축산, 매립장과 하수처리장 등이다. 박테리아에 의한 것 외에도 바이오 매스의 연소와 화석 연료 에너지를 얻는 곳에서도 CH_4가 생성된다.

성층권 상부에서는 수산화 라디칼(•OH: hydroxyl radical)과 수소(H) 그리고 과산화수소(HO_2: hydroperoxyl) 라디칼 등 수소 화학종이 오존 파괴에 중요한 역할을 하는 데 이들은 주로 수증기(H_2O)와 메테인(CH_4) 등이 들뜬 산소 원자와 반응해서 생성된다.

$$O + H_2O \rightarrow 2OH$$

$$O + CH_4 \rightarrow OH + CH_3$$

수소화학종이 관여하는 오존 파괴 반응 기구는 Bates와 Nicolet이 제안한 반응 메커니즘 외에도, 성층권 하부에서는 산소 분자 농도가 상층권 상부에서 보다 높으므로, 그 산소분자가 해리된 산소 원자와 반응하여 오존을 생성하는 속도가 매우 빠르기 때문에 잔류하는 산소 원자의 농도는 매우 낮다. 따라서 Bates와 Nicolet이 제안한 반응 중 다음 식에 따른 반응보다

$$HO_2 + O \rightarrow O_2 + OH$$

다음과 같이 HO_2 화학종이 생성된 오존과 직접 반응하면서 오존을 파괴한다.

$$전체반응: \quad HO_2 + O_3 \rightarrow OH + 2O_2$$

(2) 질소 산화물 라디칼(nitrogen oxide radicals: NOx; NO/NO$_2$)

1960년대에 초음속 제트기가 실제 비행에 도입되면서 그 배기가스가 성층권 오존에 끼치는 연구가 수행되었다. Crutzen과 Johnson은 일산화질소가 촉매로 작용하며, 오존을 파괴하는 다음과 같은 반응이 진행됨을 규명하였다.

$$O_3 + NO \rightarrow O_2 + NO_2$$

$$NO_2 + O \rightarrow O_2 + NO$$

$$전체반응: \quad O_3 + O \rightarrow O_2 + O_2$$

이와 같은 질소산화물에 의한 오존 분해 반응을 설명함으로써 비로소 Chapman 순환에 따라 산정한 오존 농도와 실제 측정한 오존 농도를 어느 정도 정량적으로 설명할 수 있게 되었다.

성층권의 오존 거동은 반응성이 큰 화학종이 생성되고 이동하며 제거되는 화학 반응의 결과이다. 이 화학종들의 일부는 지표면에서 발생하여 대류권을 거쳐 성층

권에 이르기도 한다.

성층권에서 오존과 촉매 반응을 하는 질소산화물, NO 와 NO_2은 대류권에서 인간 활동에 따라 배출되는 질소 산화물이 아닌, 성층권에 유입된 일산화이질소(N_2O: nitrous Oxide, 아산화질소, 웃음가스)가 성층권에서 광화학 반응을 통해 생성된 것이다.

$$N_2O + O \rightarrow NO + NO$$

성층권에 유입된 N_2O의 주 본 출저는 생물학적인 질소 순환이다. 그 외에도 비교적 양은 적지만, 연소과정에서 NO 와 NO_2외에 N_2O가 생성되기도 하며 질산(비료)과 지방산(비누) 등의 산업에서 부산물로 생겨나기도 한다.

항공기 등 비행물체의 배기가스가 성층권 하부에서 방출되는데 기인하는, 추가적으로 유입되는 상당한 양의 NO는 성층권 중간 대역(고도25-35 km)에서 오존이 파괴되는 반응에 주요하게 기여한다. 다음 그림은 성층권의 질소 산화물 생성을 나타낸다.

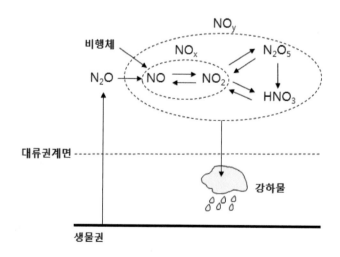

〈그림〉 성층권의 질소 산화물, NOx , 유입과 생성

(3) 염소 화학종 라디칼(Chlorine radicals: Cl/ClO)

앞에서 살펴본 오존 생성과 파괴에 관한 화학종들의 반응예측에서 보다 성층권의 오존 농도가 낮아지고, 특히 남극 상공에서의 오존 농도가 현저히 낮아지는 현상 등은 염소 화학종이 촉매로 작용하여, 다음 반응식에서처럼, 오존 분해 반응을 가속시킨다는 것을 Rowland와 molina가 결정적으로 규명하였다(Crutzen, Rowland, molina, 이 세 사람은 성층권에서의 오존 파괴 현상을 규명한 이 업적으로 1995년 노벨화학상을 공동수상하였다).

$$O_3 + Cl \rightarrow O_2 + ClO$$
$$ClO + O \rightarrow O_2 + Cl$$
$$전체: O_3 + O \rightarrow O_2 + O_2$$

이 메커니즘에 따르면 전체 반응 결과에서 성층권 오존은 소멸되어 산소 분자로 전환되지만 염소 원자는 재생되고 순환 과정을 통해 오존을 파괴하는 촉매 역할을 지속함으로써 성층권 오존이 빠른 시간 안에 사라지거나 매우 낮은 수준에 머무를 것으로 보인다.

그러나 급격히 낮아지던 오존 농도가 어느 정도 회복되는 과정을 반복 하는 현상에 대한 설명은, 오존 파괴 과정 이외에 또 다른 공정, 즉 오존 파괴에 기여하는 촉매의 소멸 혹은 새로운 오존 생성 과정 등을 통해서 가능하다.

염소화학종은 성층권 화학에서 핵심 물질이지만, 지표면의 바다와 화산활동에서 배출되는 염소 화합물(Cl_2, HCl, $NaCl$)들은 수용성이고 생애 주기가 짧은데, 이 화합물들은 대기권 낮은 곳에서 생성된 후 수일 내에 습식 강하물로 제거된다. 성층권의 염소 중에서 자연적인 출처에 기인하는 유일한 화학종은 바다에서 해양 미생물에 의해 생성된 염화메틸(CH_3Cl: methylchloride)인데 그 양은 성층권 염소의 약 20 % 정도이다.

1970년대 이후 성층권 오존 파괴의 가장 큰 원인은 인간 활동에 따른 염화불화탄화수소(CFC$_s$: Chlorofluorocarbons) 기체 사용량의 증가임이 밝혀졌다. 화학적으로 비활성인 CFC$_s$의 대기 체류시간은 40-150년이며, 성층권에서는 광분해 반응에 의해 상당한 양의 염소 라디칼을 생성한다. 가장 중요한 CFC$_s$로는 CFCl$_3$(CFC-11), CF$_2$Cl$_2$ (CFC-12), 사염화탄소(CCl$_4$), 메틸클로로포름(CH$_3$CCl$_3$)을 들 수 있으며 이들로부터 생성되는 주된 염소라디칼 화학종(ClO$_x$)은 염소(Cl)와 일산화염소(ClO)이다.

염소 생성은 다음 광분해 반응에 따른다.

$$R - Cl \xrightarrow[\lambda < 215\ \text{nm}]{h\nu} R + Cl$$

염소화합물에 의한 촉매 연쇄반응은 다음과 같이 성층권에서 오존과 산소 원자의 감소를 일으킨다.

$$Cl + O_3 + \ \rightarrow ClO + O_2$$
$$ClO + O \ \rightarrow Cl + O_2$$
$$\text{전체반응}: O_3 + O \ \rightarrow O_2 + O_2$$

염소 라디칼에 의한 오존 파괴는 특히 지상 30 km 정도에서 일어난다.

성층권 하단부에서는 염소에 의한 오존 파괴가 약해지는데 이는 염소 라디칼과 다른 화합물 간 화학반응이 우세하기 때문인데, 예를 들어 일산화질소(NO)가 존재하는 경우 ClO가 산소원자(O) 대신 NO와 반응하여 오존 파괴를 방해할 수 있다.

$$ClO + NO \ \rightarrow Cl + NO_2$$

이렇게 생성된 이산화질소(NO$_2$)는 오존 생성에 기여함으로써 오존 소멸 정도를 완화시킨다.

그 밖에 ClO_x와 NO_x, HO_x 사이의 추가적인 반응은 오존 파괴에 기여할 수 있는 촉매들을 오존과 반응하지 않는 반응성이 낮은 안정한 화학종으로 전환시킬 수 있다.

$$ClO + NO_2 + M \rightarrow ClONO_2 + M$$

$$ClO + HO_2 \rightarrow HOCl + O_2$$

$$ClO + OH \rightarrow HCl + O_2$$

$$CH_4 + Cl \rightarrow HCl + CH_3$$

질산화염소($ClONO_2$), 하이포아염소산($HOCl$), 염화수소(HCl)과 같은 저장 화학종(reservoir species)은 하강하여 대류권으로 이동할 수 있고, 대기권에서 습식 강하물에 용해되어 지표면으로 떨어져 제거될 수 있다. 이 중 HCl은 성층권에서 일시적인 저장 화학종일 뿐 수산화 라디칼과 반응하여 다시 염소 원자를 생성할 수도 있다.

$$OH + HCl \rightarrow Cl + H_2O$$

아래 그림은 Cl_x, ClO_y 등의 염소 화학종이 성층권에 유입되고 생성 되는 것을 나타낸 것이다.

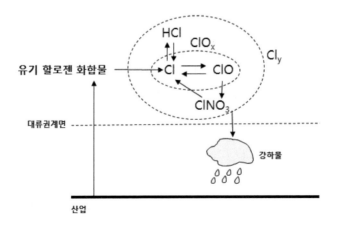

〈그림〉 성층권에서의 염소 화학종 유입과 생성

인간 활동에 따른 브롬화탄화수소(할론: halon)도 성층권에 도달하여 광분해 반응을 통해 브롬 촉매가 되어 오존 파괴에 관여할 수 있는데 그 반응 메카니즘은 염소화학종과 유사하다.

오존파괴에 기여하는 할로젠 화학종은 할로젠 화학종끼리 반응하기도 한다. 다음 반응은 동일한 할로젠 화학종이 서로 반응하여 오존을 파괴하는 메커니즘의 한 예로써, ClO 화학종끼리의 반응에서 생성된 염소원자(Cl)가 오존을 파괴하는 반응이다.

$$ClO + ClO \rightarrow (ClO)_2$$

$$(ClO)_2 + sunlight \rightarrow ClOO + Cl$$

$$ClOO \rightarrow Cl + O_2$$

$$2(Cl + O_3 \rightarrow ClO + O_2)$$

전체반응: $2O_3 \rightarrow 3O_2$

한편 다음 반응은 서로 다른 할로젠 화학종이 반응하여 오존을 파괴하는 메커니즘을 나타낸다.

$$ClO + BrO \rightarrow Cl + Br + O_2$$

$$ClO + BrO \rightarrow BrCl + O_2$$

또는 $$BrCl + sunlight \rightarrow Cl + O_2$$

$$Cl + O_3 \rightarrow ClO + O_2$$

$$Br + O_3 \rightarrow BrO + O_2$$

전체반응: $2O_3 \rightarrow 3O_2$

3.2.4 다른 오존 생성 반응

여러 화학종에 의한 다양한 경로의 오존 파괴 반응을 규명하면서, 산정한 성층권의 오존 농도는 실제 측정치 보다 낮은 값이 되므로, Chapman 순환에 따른 오존 생성 이외에도 또 다른 오존 생성 반응이 있음을 알게 되었다. 오존 농도 회복에 관한 오존 생성 반응의 한 예로 질소산화물 반응을 들 수 있다. 성층권에서는 산소 분자의 광화학 분해 반응에 의한 오존 생성 이외에, 성층권 하부에서 NO_2의 광분해를 통한 다음 반응에 따라 오존 분자가 생성될 수 있다.

$$NO_2 + h\nu \rightarrow NO + O$$

$$O + O_2 \xrightarrow{M} O_3$$

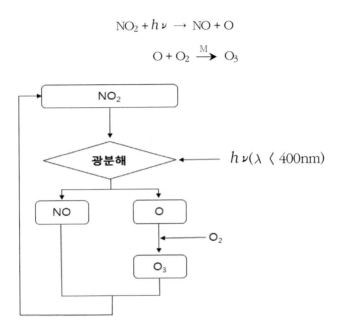

〈그림〉 질소 산화물의 광분해에 따른 오존 생성 과정

3.2.5 성층권 상부에서의 반응

성층권 상부에서의 오존 농도가 성층권 중간 영역에서보다 낮은 것은 상부에서 촉매에 의한 오존 파괴가 일어나기 때문인데 다음은 그런 반응 중 하나이다.

$$H + O_3 \rightarrow OH + O_2$$

$$OH + O \rightarrow H + O_2$$

$$전체반응: O_3 + O \rightarrow O_2 + O_2$$

이런 순환 반응을 위해서는 대기권에 수소 원자가 충분해야 하는데, 이는 고도 55 km 이상 권역에 해당한다. 즉, 성층권 상부 혹은 그 이상의 고도에 해당하는 권역에서는 다음 반응에 나타낸 것처럼 수소를 포함한 화학종이 포함된 순환 반응이 활성화되어 나타난다.

$$OH + O \rightarrow H + O_2$$

$$H + O_2 \xrightarrow{M} HO_2$$

$$HO_2 + O \rightarrow OH + O_2$$

$$전체반응: O + O \rightarrow O_2$$

3.2.6 극지방의 성층권

다음 그림은 극지방에서의 오존 농도 감소 과정을 보여준다. 극지방에서 성층권 하단부의 기온은 겨울에 최저가 되어, 남극 지역에서는 7,8월에 평균 -90 ℃, 북극에서는 1,2월에 -80 ℃에 이르게 되는데, 이러한 기상 상태는 약 -78 ℃ 이하에서 생성되는 극성층운(PSCs: polar stratospheric clouds)을 발달시켜, 북극 지역에서는 1-2개월, 남극 지역에서는 5-6개월 지속된다. 이 극성층운 표면에 포함되어 있던 염소 함유 화합물들이 봄이 되면 강한 햇빛의 자외선을 받아 광분해를 일으키면서 염소 원자를 생성하고, 이는 성층권 오존과 반응하여 매우 반응성이 큰 ClO 라디칼을 형성하여 오존 파괴를 가속화한다. 겨울철 온도 변화가 큰 북극 상공에서 보다도, 낮은 온도가 장기간 지속되는 남극 상공에서 오존층 파괴에 따른 성층권 오존 농도감소가 더 넓은 면적에 걸쳐 크게 나타나므로, 남극 상공에서의 오존홀 형성은 더욱 심각하게 관찰된다.

3.2.7 성층권의 염화불화탄화수소

듀퐁(Dupont)사에서 냉매제를 연구하다 열에 강하고 달라붙음이 적은 테프론(Teflon)을 개발한 화학자 Plunkett이 CFCs 혹은 프레온(freon)으로 알려진 염화불화탄화수소(CFCs: chlorofluorohydrocarbons)를 냉매제로 이용하기 시작했다. 듀퐁은 탄소, 수소, 플루오린 및 염소로 이루어진 다양한 CFCs 생산품을 구별하기 위해 세 자리 숫자를 사용하였는데, 첫째 숫자는 탄소원자수-1, 둘째 숫자는 수소원자수+1, 셋째 숫자는 플루오르 원자 수로 표기하였다.

예를 들어 CFC-123(또는 freon-123)은 $C_2HF_3Cl_2$ 화학식을 나타낸다. 염소 원자의 수는 포화 탄소 사슬의 구조식에서 수소 원자와 플루오르 원자 자리를 제외한 자릿수이다. 탄소원자 하나만 갖는 CFC_s는 두 자리 숫자로 표기되는데, 냉장고와 자동차 에어컨에 사용되는 Freon-12의 화학식은 CF_2Cl_2로, 이는 탄소 원자 1개, 플루오르 원자 2개 그리고 탄소의 단일 결합(포화) 수, 4개 중 나머지 2개는 염소원자가 결합된 화합물이다.

듀퐁의 이 표기법은 그 숫자에 90을 더하면 모두 세 자리 숫자가 되는데 그 첫째, 둘째, 셋째, 숫자가 각각 해당 화합물 화학식의 탄소(C), 수소(H) 및 플루오르(F) 수를 나타낸다. 즉 앞의 CFC-123에서 숫자 123에 90을 더하면 그 수는, 123 + 90 = 213으로 2,1,3은 각각 C, H, F의 개수에 해당하여 해당 화합물 화학식은 $C_2HF_3Cl_2$이 되고, Freon-12는, 12 + 90 = 102로, 탄소, 수소, 플루오르 원자 수가 1, 0, 2인 CF_2Cl_2 화합물을 나타낸다.

CFC는 독성이 없고 불연성 재질이어서 1990년대 초까지 냉매제, 에어로졸 분무기, 드라이크리닝 용제, 전자부품 세척제 등으로 모든 나라에서 광범위하게 사용되었다.

1973년 Lovelock은 대기 중 농도를 측정하여, 그때까지 사용된 CFCs는 파괴되지 않고 대류권 전역에 전 지구적으로 확산되었다는 것을 확인하였다(Nature, 241, 194 (1974)). 한편 1974년, Molina와 Rowland는 CFCs에 의해 오존이 파괴된다는 논문을 발표하였고(Nature, 249, 810 (1974)), 그 후 NASA는 성층권에 HF가 존재한다는 것을 확인하였다. 이 화합물은 자연적으로 생성된 것이 아니고 사람이 사용한 CFCs의 분해에 의해 생긴 것으로, 이는 Molina와 Rowland가 제시한 바에 따르면 CFCs의 분해로 생성된 라디칼 화학종이 오존 파괴 반응에 촉매로 작용하면서 생긴 화합물이다.

Reading Environment

환경문제 해결하고 노벨상을 수상하다!

오존층이라고 일컫는 성층권의 오존은 그 양을 모두 지구 표면의 대기압으로 환산하면 지구 표면을 덮을 수 있는 두께가 고작 3mm (300DU, Dobson Unit) 정도에 불과하다. 이처럼 적은 양이지만 그 변화가 지구의 생태계에 끼치는 영향이 큰 것은 성층권 오존이 지구 생명체에 유해한 태양 자외선 복사를 흡수·차단하는 매우 중요한 기능을 하기 때문이다.

1995년 노벨화학상은 성층권 오존의 생성과 분해에 관련된 화학 반응과정을 성공적으로 설명한 Mario Molina, Sherwood Rowland, Paul Crutzen, 이 세 명의 환경과학자가 공동으로 수상하였다. 이들의 연구가 과학과 인류에 기여한 것은 인간 활동으로 발생한 물질이 오존층 두께(농도) 변화에 얼마나 영향을 끼치는지, 그리고 대기권의 미량 구성 물질인 성층권 오존 농도의 작은 감소에도 지구 환경이 얼마나 위협할 수 있는지를 알려준 것이다.

대기권의 오존 농도를 결정하는 반응 메커니즘을 규명하고, 특히 오존층을 파괴할 수 있는 기체(예: 여러 가지 CFCs)의 지속적 사용과 방출이 지구 환경에 치명적이 될 수 있다는 연구로 인류에 큰 기여를 하였다.

P. Crutzen은 1970년 발표한 연구에서 질소 산화물인 NO와 NO_2가 자체 소멸되지 않고 오존과 촉매 반응을 함으로써 성층권 오존 농도가 감소함을 증명했다.

그 반응을 요약하면 다음과 같다.

$$NO + O_3 \rightarrow NO_2 + O_2$$
$$NO_2 + O \rightarrow NO + O_2$$
$$O_3 + 자외선 \rightarrow O_2 + O_2$$
$$\text{총 결과} : 2O_3 \rightarrow 3O_2$$

성층권에서 이 반응 메커니즘에 따라 반응하는 질소 산화물들의 출처 중 근원지는 지표면 토양 속이다. 토양 중 미생물의 생화학적 분해 반응으로 생성되는 N_2O는 화학적으로 매우 안정하여 대류권을 거쳐 성층권까지 이동할 수 있다.

처음 인간의 활동에 따라 방출되는 물질 중 성층권의 오존 농도를 감소시키고 지구 환경에 위협이 될 수 있다는 인식을 가져온 것은 화합물은 초음속 항공기가 배출하는 질소 산화물로 오존 파괴의 직접적인 원인이 될 수 있다.

또 하나의 물질은 바로 염화 플루오르화 탄화수소류(CFC_s: Chlorofluoro-carbons)이다. 1974년 M. Molina와 S. Rowland는 에어로졸 캔의 추진제, 냉장고 냉매 등 다양한 산업에서 많이 사용하는 CFC_s가 성층권의 오존을 촉매 분해한다는 논문을 'Nature'지에 발표하였다.

화학적으로 안정한 CFC_s는 성층권까지 도달할 수 있고, 대류권 지표면에서와는 달리 자외선 세기가 강한 성층권에서 CFC_s가 해리하여 유리 염소 원자를 생성한다. 이 라디칼 화학종(Radical Species)이 성층권 오존과 촉매 반응을 하여 인류가 지속적으로 CFC를 사용하면 오존 농도 감소는 수%에 이를 수 있으며 성층권 일정 영역에서는 오존 농도가 상대적으로 매우 낮은 상태가 되어 지구 대기권 상부에 오늘날 '오존홀(ozone hole)'이라 일컫는 현상이 발생할 것을 경고하였다.

CFC와 성층권 오존에 대한 Molina와 Rowland의 예측은 논쟁을 일으켰지만, Crutzen의 연구와 함께 오존을 파괴할 수 있는 물질의 배출 금지에 관한 지속적인 국제 논의는 UN의 후원 하에 1987년 '몬트리얼 의정서(Montreal Protocol)' 서명에 이르렀다.

세 과학자는 인류가 당면하고, 방치하면 치명적일 수 있는 환경문제를 해결하는 데 결정적인 기여를 하였고, 그 공로로 1995년 노벨상을 수상하였다.

노벨상 수상자들의 연구를 기리는 다양한 문헌과 자료를 찾다 보면 교과서 안에서 보다 넓은 안목을 키울 수 있다.

첫 번째 자료는 미국화학회에서 CFC와 오존감소에 관해 짧게 소개한 글로 성층권 대기화학 기본내용과 직접 관련된 내용이기도 하다.

(1) https://www.acs.org/content/dam/acsorg/education/whatischemistry/
landmarks/cfcsozone/cfcs-ozone.pdf
"Chlorofluorocarbons and Ozone Depletion"

다음 자료는 Molina와 Rowland가 1974년 'Nature'지에 발표한 논문 초록을 볼 수 있는 곳이다. 이 논문이 노벨상 수상 연구의 출발점이라 할 수 있다. 수많은 과학자들이 인용한 이 논문의 전문은 웹에선 유료이나, 많은 도서관이 국제적 권위를 갖는 'Nature'지를 확보하고 있으니 교과서에서도 자주 인용되는 이 위대한 노벨상 수상 논문 전문을 보려면 도서관을 찾아가면 된다. 거기엔 환경자료뿐 아니라 또 다른 세계가 있다.

(2)　https://www.nature.com/articles/249810a0

"Stratospheric sink for chlorofluoromethanes : Chlorine atom-catalysed destruction of ozone"

Nature, Volume 249, Pages 810-812 (1974)

다음은 1995년 노벨상 수상자를 배출했다는 미국 매사츄세츠 공과대학(MIT)의 소식과 Paul J. Crutzen의 생전 업적을 알리는 독일 막스 플랑크 연구소(MPI)의 웹사이트에서 사람과 일에 대한 존경의 기록들을 볼 수 있다.

(3-1)　https://news.mit.edu/1995/molina

"MIT's Mario Molina wins Nobel prize in chemistry." Crutzen" "The Max Planck Institute for Chemistry mourns the loss of its former director and Nobel Laureate Paul J. Crutzen"

(3-2)　https://www.mpic.de/4677594/trauer-um-paul-crutzen

"The Max Planck Institute for Chemistry mourns the loss of its former director and Nobel Laureate Paul J. Crutzen"

대기오염 물질들은 대부분 기체 혹은 증기 상태로 존재하면서 환경 조건에 따라 여러 가지 복잡한 합쳐진 상태로 나타나기도 한다. 몇 가지 대기오염물질의 발생원과 그 영향을 다음 표에 나타냈다. 대기에서의 오염 작용은 액체 혹은 고체가 원인이 되기도 하지만, 그 속의 기체 증기압이 매우 커서 기체상으로 전환된 물질이 화학 반응을 일으키는 것으로 설명할 수 있다. 지구에서의 배출되는 대기 오염 기체 발생량 중에서 인간 활동으로 인한 양이 차지하는 비율은 기체 종류에 따라 차이가 큰데, 인간 활동에 의한 영향이 큰 기체로는 SO_2와 자연 발생적이지 않은 미량 기체들로 그리고 CO, CO_2, 및 NO_x 등을 들 수 있다.

〈표〉 대류권 오염물질의 생성과 영향

광물 자원 소재	전기차	내연기관차
일산화탄소(CO)	자동차 및 연료 연소	인체 내 산소 전달 방해
오존(O_3)	광화학 스모그	폐 기능 축소 및 호흡기 질환 유발
납(Pb)	금속 관련 납 함유 연료 사용, 소각 등	신경계 질환 및 인지능력 상실
이산화질소(NO_2)	화석 연료 및 목재들의 연소	호흡 질환 유발, 폐 질환 악화
입자상 물질 (Particulate Matter)	연료의 연소, 공업이나 농업 등 여러 산업 공정, 도로 등에서 생성	장, 단기 노출에 의한 심장, 폐, 호흡기 질환 유발 가능성
이산화황(SO_2)	발전소와 산업 공정에서의 황 함유 화석 연료 연소, 화산 활동	천식, 호흡 곤란, 건강 관련 입자상 물질 생성

발전소, 교통수단 등 에너지 생산이나 전환 과정에서 오염 물질들이 특정 지역이나 권역의 점 발생원에서 유래함을 볼 수 있다. 인간 활동에 기인하는 기체상 오염물질 발생원의 약 2/3는 지표면의 5 % 정도 지역에 집중적으로 분포하고 있다.

3.3.1   이상 기체 법칙

이상 기체(ideal gas)는 기체를 매우 단순화시킨 비현실적인 모형이지만, 이상 기체 모델을 이용하면 기체의 여러 가지 열역학적 과정을 이해하고 수학적으로 표기할 수 있다.

모형으로서의 이상 기체는 다음과 같은 특징을 가정한다.

- 기체 입자(원자 혹은 분자)는 단단한 공 모양으로 그 형태가 변하지 않는 모형이다.
- 기체 입자끼리 충돌하거나 기체가 들어있는 용기 벽과의 충돌은 완전 탄성 충돌로써 충돌에 따른 에너지 손실은 없다.
- 기체 입자는 무한히 큰 용기(공간)에 들어있어서 완전히 자유롭게 이동할 수 있다.
- 기체 입자 지름은 매우 작아서 입자 사이의 거리나 용기(공간) 크기에 비해서 무시할 수 있다.
- 기체 입자는 서로 간에 인력이나 척력이 작용하지 않는, 전기적으로 완전한 중성이다.

이를 요약하면 이상 기체는 밀도가 매우 작고, 빠르게 움직이는 공 모양으로, 서로 탄성 충돌은 하지만 상호 간에 작용하는 인력이나 척력은 없는 입자를 가정한 모형 물질이다.

모든 종류의 이상 기체는 동일 조건, 같은 압력(P), 같은 온도(T) 같은 부피(V)에서 같은 수의 분자(혹은 원자와 같은 입자)를 갖고 있는데(Avogadro의 가정), 표준 조건 (0 ℃, 1 atm)에서 모든 종류의 이상 기체 1 몰(1 mole은 입자 수가 Avogadro 수, 즉 6.02×10^{23} 개인 집합 단위)의 부피는 22.4 L이다.

이상 기체의 상태는 압력, 부피 및 온도 및 물질량의 함수로 기술할 수 있는데, 기체에 대한 세 인자의 영향을 연구한 Boyle, Charles, Gay-Lussac, Avogadro와 같은 과학자들이 각각 수학적으로 성리하여 자신들의 이름을 딴 기체 법칙으로 발표하였다.

(1) 이상기체법칙 혹은 이상기체 상태 방정식

이상 기체를 기술하는 열화학적인 상태방정식은 일반 기체 방정식인데, 이는 여러 개의 개별 경험에 따른 기체 법칙으로부터 유도된 것이다. 그 후에 Boltzmann은 상태를 기술하였다.

일반적인 기체 방정식은 이상 기체의 상태 변수가 서로 어떻게 종속되는지를 나타낸다. 문헌에서 흔히 보는 이상기체법칙의 표기는 다음과 같다.

$$P \cdot V = n \cdot R \cdot T$$

여기서 P, V, T는 기체의 압력, 부피 온도(절대온도)이고, n은 기체량인 몰(mole) 수이며 R은 기체상수(Gas Constant)이다.

이 식은 다음과 같이 고쳐 쓸 수 있는데,

$$\frac{P \cdot V}{n \cdot R \cdot T} = 1$$

여기서 왼쪽 항은 압축인자(compression factor)라고 하며 기체 이상성(ideality)의 척도이다. 이상 기체의 경우 압축인자는 1이지만, 이 값이 1에서 벗어날수록 기체는 이상 기체 특성을 벗어난 실제 기체(real gas) 성질을 갖는다. 이 식에서 알 수 있는 것은 압력이 기체 입자의 몰수와 온도에는 정비례 하지만 부피와는 반비례 관계에 있다는 것이다.

이 이상기체법칙은 Boyle, Charles, Avogadro가 확립한 간단한 기체에 의거한다.

① 보일의 법칙 (Boyle's law)

이는 일정한 양의 기체가 일정한 온도에 놓여있을 때, 기체의 압력과 부피는 서로 반비례한다는 것이다.

$$P \propto \frac{1}{V} \quad \text{또는} \quad PV = \text{일정}$$

기체의 상태가 처음 상태(1)에서 나중 상태(2)로 변하는 경우 위 관계식은 다음과 같이 쓸 수 있다.

$$P_1 V_1 = P_2 V_2$$

이 식으로부터 기체가 처음 상태에서 나중 상태로 바뀔 때 변한 압력 또는 부피를 계산할 수 있다.

② 샤를의 법칙 (Charles's law)

일정한 양의 기체가 압력이 일정하게 유지되는 공간에 있을 때, 기체 부피는 온도(절대온도 Kelvin)에 정비례한다는 것이다.

$$V \propto T \quad 또는 \quad \frac{V}{T} = 일정$$

기체의 상태가 처음 상태(1)에서 나중 상태(2)로 변하는 경우 위 관계식은 다음과 같이 쓸 수 있다.

$$\frac{V_1}{T_1} = \frac{V_2}{T_2}$$

이 식으로부터 처음 상태에서 나중 상태로 바뀔 때 변한 부피나 온도를 계산할 수 있다.

③ 아보가드로의 법칙 (Avogadro's law)

기체가 일정한 온도, 일정한 압력 상태에 있을 때 기체의 부피는 기체의 양에 정비례한다. 기체의 양은 기체 입자의 수와 관련된 기호 n(일반적인 단위는 mole)으로 표기한다.

$$V \propto n \quad 또는 \quad \frac{V}{n} = 일정$$

기체의 상태가 처음 상태(1)에서 나중 상태(2)로 변하는 경우 위 관계식은 다음과 같이 쓸 수 있다.

$$\frac{V_1}{n_1} = \frac{V_2}{n_2}$$

이 세 개의 간단한 기체 법칙으로부터 이상기체법칙 $PV = nRT$ 를 유도할 수 있다.

(2) 표준 상태

화학에서 표준 상태는 계의 온도와 압력에 관계된 용어로 영어 표기는 Standard Temperature and Pressure 이며, 약자는 STP이다. 일반적으로 화학계에서 표준 상태의 온도와 압력은 0 ℃(섭씨온도), 1 atm을 가리킨다. 온도는 절대온도가 아니므로 이상기체법칙을 비롯한 여러 기체 법칙에서는 절대온도인 Kelvin으로 환산해야 한다.

한편 표준 상태에서 이상 기체 1 몰(mole)이 차지하는 부피는, 기체의 종류와 무관하게 22.4 L이고, 기체 법칙을 활용하는 여러가지 계산에서 항상 단위를 확인하는 것이 매우 중요하다. 특히 압력과 부피 단위는 여러 가지인데, 기체 법칙에 포함된 인자와 그 기호 및 단위는 다음과 같으며 단위 환산에 유의해야 한다.

〈표〉 기체 인자와 사용 단위

인자	사용 기호	단위
압력	P	atm, Torr, Pa, mmHg
부피	V	L, m^3, dm^3
온도	T	K
몰	n	mol

(3) 기체 상수

이상기체법칙의 식, $PV = nRT$에서 R은 기체 상수인데, 이 식을 다시 쓰면 다음과 같다.

$$R = \frac{PV}{nT}$$

이 식에 표준 상태(STP)에서의 기체 1 mol의 부피를 고려하여 계산하면 기체 상수 R 값을 알 수 있다. 이때 유의할 것은 기 인자, P, V, T의 단위이고, 단위를 포함한 기체상수 R값은 0.082 $L \cdot atm^{-1} \cdot K^{-1}$, 62.364 $L \cdot Torr \cdot mol^{-1} \cdot K^{-1}$, 8.315 $m^3 \cdot Pa \cdot mol^{-1} \cdot K^{-1}$, 8.315 $J \cdot mol^{-1} \cdot K^{-1}$ 등과 같이 사용단위에 따라 기체 상수 값도 달라짐을 알 수 있다.

기초화학을 비롯한 화학반응에서 많이 사용하는 R값은 0.082 $L \cdot atm^{-1} \cdot K^{-1}$이며, 국제단위계(SI: International System of Units)를 사용한 기체상수 값은 8.315 $J \cdot mol^{-1} \cdot K^{-1}$이다.

3.3.2 대기 오염 물질의 농도 표시

대기 오염물질을 측정하고 나타낼 때 사용하는 일반적인 단위는 기체 상 물질의 경우 ppm(part per million), ppb(part per billion) 등으로 표기하고, 입자상 물질의 경우는 단위 부피 당 입자의 질량 즉, $\mu g/m^3$(micrograms per cubic metre) 혹은 ng/m^3(nanograms per cubic metre) 등으로 표기한다. 이러한 농도 표기는 다른 단위로 전환할 수도 있는데 이런 농도 전환을 예를 들어 알아본다.

기체의 여러 가지 농도를 상호 전환 하는데 앞에서 논의한 이상 기체 법칙을 이용한다.

(1) ppm을 분자수/㎥ 또는 몰 농도로 바꾸어 나타내기:

대기 중 어떤 물질(조성 기체 혹은 대기 오염물)의 농도가 2 ppm이라고 하면 이것의 의미는 다음과 같다.

- 공기 분자(air molecules)가 100만 개 있으면 그 중 2개 분자(molecule)가 해당 물질이다.
- 공기(air)가 100만 몰(mole) 있으면 그 중 2몰(mole)은 해당물질이다.
- 전체 공기압력(total air pressure)이 1기압(atm)이면 해당물질의 부분압력은 2×10^{-6} atm이다.

예를 들어 25 °C, 1 atm에서 기체 농도 2 ppm을 molecules/㎥로 표기하려면 공기 분자 100만개 중에 해당 기체가 2개 들어있는 것이므로, 먼저 공기 분자 100만 개의 몰수를 계산하기 위해 아보가드로 수, 1 mol = 6.02×10^{23}을 이용하여 몰수를 계산하면;

$$1{,}000{,}000 \times \frac{1\ mole}{6.023\ \times\ 10^{23}} = 1.66 \times 10^{-18}\ mole$$

이상기체법칙, PV=nRT를 이용하여 공기 분자 100만 개의 부피를 계산하면,

$$V = \frac{nRT}{P} = \frac{1.66 \times 10^{-18}\,(mole) \times 0.082\,(L \cdot atm \cdot mol^{-1} \cdot K^{-1}) \times 298\,(K)}{1.0\,(atm)}$$
$$= 4.06 \times 10^{-17}\,(l)$$

부피 l을 cm^3로 환산하면 $4.06 \times 10^{-14}\ cm^3$, 따라서 이 부피 속에 기체가 2개 있으므로 2개÷$4.06 \times 10^{-14} cm^3$=$4.92 \times 10^{13}$개/$cm^3$=$4.92 \times 10^{19}$개/㎥가 된다.

이 농도를 다시 몰농도로 표기하려면 2 ppm은 기체 분자 100만개 중 2개가 해당 기체이므로, 기체 2개를 아보가드로수를 이용하여 몰 수로 환산하면,

$$2 \times \frac{1 \ mol}{6.023 \times 10^{23}} = 3.32 \times 10^{-24} \ mol$$

이 몰 수의 기체가 위에서 계산한 부피 속에 들어 있는 것이므로 몰 농도(M: mole/L)로 표시하려면,

$$\frac{3.32 \times 10^{-24} \ mol}{4.06 \times 10^{-17} \ l} = 8.18 \times 10^{-8} \ M$$

(2) μ g/m^{3}을 ppm이나 ppb로 바꾸어 나타내기:

대기(25 ℃, 1 atm) 중의 NO_2 농도가 150 μg/m^{3}라고 하면 몇 ppb에 해당하는가?

먼저 150 μg NO_2의 몰(mol) 수를 구하기 위해 NO_2의 분자량(M=46.00)을 이용한다.

$$mol수 : \ 150 \times 10^{-6} \ g \times \frac{1 mol}{46.00 \ g} = 3.26 \times 10^{-6} \ mol$$

여기에 아보가드로수를 곱하면 1 mol 속에 든 NO_2 분자 갯수가 된다.

$$3.26 \times 10^{-6} \ mol \times \frac{6.023 \times 10^{23}}{1 mole} = 1.96 \times 10^{18} (개)$$

이 대기 조건이 이상기체에서 크게 벗어나지 않는다고 가정하고, 1 m^{3}의 공기의 몰 수를 이상 기체 법칙에 따라 계산하면 PV=nRT로부터

T = 273 + 25 = 298 K, 1 m^3 = 1000 l이므로,

$$n = \frac{PV}{RT} = \frac{1 \ (atm) \times 1,000 \ (l)}{0.082 \ (l \cdot atm \cdot mol^{-1} \cdot K^{-1}) \times 298 \ (K)} = 40.9 \ mol$$

이 몰 수에 해당하는 공기의 갯수는 역시 아보가드로 수를 곱하여 구할 수 있다.

$$40.9 \ mole \times \frac{6.023 \times 10^{23}}{mole} = 2.46 \times 10^{25} \ (개)$$

즉 2.46×10^{25}개의 공기 분자 속에 1.96×10^{18}개의 NO_2분자가 들어 있는 것이므

로 그 비는 $\dfrac{1.96 \times 10^{18} \ (개 \ NO_2)}{2.46 \times 10^{25} \ (개 \ 공기)} = 0.797 \times 10^{-7} = 79.7 \times 10^{-9}$

$= 79.7 / 1,000,000,000$

따라서 대기 중 NO_2가 150 μg/m^{3}이라면 이는 79.7 ppb에 해당한다.

3.3.3 대류권의 화학 물질

(1) 이산화탄소(carbon dioxide: CO₂)와 일산화탄소(carbon monoxide: CO)

대기권의 성분은 지구 생성 이래 지속적으로 조성된 기체 생성물이다. CO_2 역시 자연적으로 존재해왔고 그 농도 역시 일정한 값을 갖고 있다. 과학자들이 남극 빙하 지대에 갇혀 있는 얼음을 분석한 결과 CO_2 농도가 장기간에 걸쳐 상당한 증감이 있음을 확인하였다. 10만년 이전에 비하면 현재 CO_2 농도는 상당히 증가했고 이는 인간 활동에 의한 영향으로 보고 있다. 그 영향으로 온실효과가 나타나는 것으로 보고 많은 논의가 지속되고 있는데, 이를 구체적으로 규명하기 위해서는 전 지구적인 탄소 순환에 대한 정확한 해석이 필요하다.

간단한 탄소 순환 과정은 화석연료(석탄, 석유, 천연가스)의 연소, 화산활동에 의한 탄소화합물이 강우와 호수·강·바다의 물과 교환 반응을 하는 것, 그리고 대기로 CO_2가 배출되는 호흡 혹은 유기물질의 분해($CH_2O + O_2 \rightleftharpoons CO_2 + H_2O$) 반응과 더불어 대기 중의 CO_2를 유기물이 취하는 광합성($CO_2 + H_2O \rightleftharpoons CH_2O + O_2$) 등 여러 과정이 복합적으로 연계된다.

이 순환계에서 대기권은 상대적으로 작은 탄소 저장고이어서 CO_2 양으로 보면 대기 중의 CO_2 양은 바다 속의 약 1/60에 불과하다. 그 결과 대기 중의 CO_2 체류 시간(CO_2 분자가 대기 중에 머무는 평균 시간)이 상대적으로 짧은 약 10년이 되는데(예를 들어 질소(N_2)의 체류시간은 4×10^8년 이다), 이는 화석연료의 연소나 열대 우림 파괴와 같은 인간 활동이 대기 중 CO_2 농도 증가에 결정적인 영향을 끼칠 수 있음을 뜻한다.

산업화 이후 CO_2농도는 뚜렷이 증가하고, 그에 대한 관심이 전개된 1950년 대 이후에도 약 35 ppm, 10 % 정도 추가로 증가하여 현재는 전 지구적 평균 농도가 350 ppm~400 ppm 정도에 이르고 있다. 자동차에서 배출되는 CO 또한 산소와 산화되어 CO_2 증가에 기여한다. CO_2 농도는 계절에 따라 차이가 나는데 식물의 광합성 작용이 활발한 여름철 농도가 겨울철에 비해 약 7 ppm 정도 낮다.

CO_2는 색과 냄새가 없는 기체로 현재 대기 중의 농도로는 사람의 건강에 직접적인 영향을 주지는 않는다. 하지만 온실가스로 작용하여 지구 온난화에 기여한다는 것이 밝혀지고 있다. 일산화탄소, CO는 헤모글로빈과 결합함으로써 혈액의 산소운반을 방해함으로써 닫힌 공간에서와 같이, 경우에 따라서는 CO 농도가 인체에 치명적인 영향을 끼치기도 한다.

(2) 질소산화물(NO_x)

질소(N_2)는 대기 조성 중 약 78 %를 차지하는 기체로, 그 산화물 중 중요한 기체는 일산화질소(nitrogen monoxide: NO)와 이산화질소(nitrogen dioxide: NO_2)이며 이 두 기체는 주요 대기질 관리 물질에 해당한다.

NO와 NO_2는 고온(500~600 °C이상) 연소과정에서 공기 주성분인 질소가 산화하여 생기는 것으로 주요 배출 원인은 교통과 난방이다. 연소 시 배출되는 기체 질소 화학종의 90~95 %는 일산화질소 형태이고, 대기 중에서 산화하여 유해한 이산화질소(NO_2) 형태로 전환된다. 자동차 등 교통수단에서 배출되는 질소 산화물은

촉매를 장착한 배기 시스템으로 괄목할 만한 감소를 이룰 수 있다. 고온 연소 시 이용하는 공기 중에 상당한 양의 질소 분자가 들어있기 때문에 질소 산화물 생성 문제는, 황산화물 문제와는 달리, 연료 조성 변화로 해결할 수는 없는 필연적인 생성 물질이기도 하다.

대기 중의 질소산화물 농도는 연중 변화가 있는데, 일반적으로 최고 농도는 겨울에 나타나고 최저 농도는 여름철에 나타난다. 이는 대기 중의 난기류 발생에 따른 대기 혼합과 희석 그리고 햇빛 영향에 따른 2차 오염물질로의 전환 등으로 설명할 수 있다. 인간 활동으로 인한 것 외에 자연 발생적인 경우는 무엇보다 대기 중에서 일어나는 전기 방전, 번개에 의해 30,000 ℃ 정도의 고온이 발생하여 N_2 산화가 일어난다. 그 밖에도 질소산화물은 산불과 땅 속 미생물 작용에 의해 생성, 방출되기도 하는데, 대기 중에서의 체류기간은 약 2~5일이다.

대기 중 질소산화물, NO와 NO_2, 그 중에서도 NO_2농도는 조금만 증가해도 사람에게 영향을 끼칠 수 있는데, 인체에 나타나는 대표적 증상으로는 호흡기 계통에 나타나는 기관지 질환이나 감염 면역력 약화, 기침이나 천식을 수반하는 폐질환을 유발할 수 있다.

질소산화물이 자연 환경에 끼치는 영향으로는, 식물에 다양한 피해를 주게 되는데, 단독으로 혹은 타 영향과 복합적으로 더 큰 피해(시너지효과)를 일으킬 수 있으며, 산성비와 광화학 스모그의 원인이 되기도 한다. 또한 질소는 합성 비료 속의 영양물질이기도 한데, 대기 중의 질소 농도가 증가하면 건성 혹은 습식 강하물로 식물에 영양분을 공급하는 과정에서 토양 화학 반응이나 영양물질 공급의 균형을 깨뜨릴 수도 있다.

(3) **일산화이질소**(dinitrogen monoxide 또는 **아산화질소**, nitrous oxide: N_2O)

일산화이질소(N_2O) 기체는 아산화질소 혹은 '웃음가스'라고도 하는데 다른 질소산화물(NO, NO_2)에 비해서 직접적인 대기 오염 물질로 언급되는 경우가 비교적 적은 기체이다. 이 기체는 미생물에 의한 생물학적 탈질 반응(즉, NO_3^-에서 N_2로의 환원)이나 토양 혹은 물속에서 일어나는 질산화 반응(NH_4^+에서 NO_3^-로의 산화)으로부터 생기는 자연적인 발생량이 많다. 한편 인간 활동에 의한 발생원은 생물체(biomass)와 화석연료의 연소, 토지 경작이나 합성 질소 비료 사용 등을 들 수 있다. 대기 중에서의 체류기간은 약 170년이다. 이 기체는 대류권에서 직접적인 온실효과를 일으키는 온실가스이며, 긴 체류기간으로 성층권에 도달하기도 한다. 성층권에서의 N_2O농도 증가는 일련의 반응을 통해 오존 분해를 일으키고 결과적으로 오존층 파괴의 원인 물질이 되기도 한다.

(4) 이산화황(sulfur dioxide: SO_2)

황산화물은 지구환경에서 중요한 역할을 하며 인체에 끼치는 영향도 크다. SO_2는 황산염 에어로졸 생성의 전구물질로서, 에어로졸은 지구의 에너지 방사량을 변화시키거나 시계를 감소시키는 등 전 지구적 또는 지역적인 기후 변화에 중대한 영향을 끼친다. 그 외에 SO_2 배출은 수생태와 토양 생태계를 직접 위협하는 산성 강하물의 원인이기도 하다. 특히 화석연료 연소로 발생하는 인위적인 SO_2 방출은 화석 연료 속의 황 농도가 높기 때문에 자연적인 황산화물 발생량보다 많고, 그로 인한 영향도 크다. 특히 산업화 과정에서 화석 연료 사용이 증가하였고, 중국 인도와 같은 개발도상국가에서의 급속한 경제발전과 국가 간 교역으로 촉발되는 연료 사용량의 급속한 증가에 따라 전 세계 SO_2 배출량은 증가하였다.

한편 미국, 유럽 등의 산업국가에서 시작된 엄격한 환경규제로, 이제는 개발도상 국가들도 자국 환경을 위해 도입함으로써 황 함유 연료의 질을 개선하고 배출시설의 탈황설비를 강화하면서 대기 중 황산화물 농도는 감소 추세이다. 황산화물은 주로 화석 연료 산화에서 유래하고, 그 중에서도 약 80 %는 가정과 산업 현장의 난방과 연소시설에서 유래한다. 산불이나 화산폭발로 인한 자연적인 황 유입은 인간 활동에 의한 황산화 물질 배출에 비해 매우 적다.

황산화물이 인간 건강에 끼치는 영향은 질소산화물과 유사한 과정으로 볼 수 있다. 이 자극적인 냄새 기체는 먼지 등과 결합하여 피부나 점막을 자극하거나, 농도가 높을 경우 호흡 곤란이나 가슴 통증 유발 등 호흡기 계통 질환을 일으키기 때문에, 특히 천식 환자나 어린이 등에게 위험하다. 자연환경에도 영향을 끼치는데 강우 등, 황산화물이 대기 중의 물과 만나면 황 함유 산성 물질이 되고, 공기 중 산소와 만나 산화되면 강산인 황산이 되기도 한다. 이 산은 질소산화물에 따른 질산과 더불어 산성비의 주된 원인 물질이기도 하다. 생성된 산성비는 엽록소를 파괴하여 식물을 고사시키거나, 그 산의 부식성으로 인해 역사적인 건축이나 기념물을 훼손하는 등 환경오염을 일으킨다.

(5) 기체 상 유기 오염 물질

대기 중의 유기화합물은, 쉽게 증발할 수 있는 유기 화학 물질을 말하는 것으로, 일차적으로 대기 환경에서 중요한 의미를 갖는 간단한 유기화합물은 메테인(CH_4), 염화불화수소(CFC) 및 휘발성유기화합물(VOC: volatile organic compounds)을 들 수 있다.

① 메테인(CH_4)

메테인은 가장 간단한 탄화수소로서, 지난 200년 동안 대기 중 농도가 약 2배 증가하였으며, 온실효과가 매우 큰 기체로 CO_2와 더불어 지구온난화 관점에서 주목해야할 기체이다. 자연적으로 배출되는 것도 많지만 전 세계적으로 볼 때, 무엇보다 열대지역에서의 농업과 토지 이용 늪, 논, 목초지에서의 미생물 작용(메탄박타리아에 의한 바이오가스 생성), 기타 대규모 축산(특히 반추동물의 소화 과정에서 발생되는 메테인)과 화산 활동으로부터 생긴다. 인간 활동에 의한 것은 화석연료 연소 시 불완전 미연소로 인해 생기는 것이 주원인이며 바이오가스 산업에서 가스

관 누출 등 인재로 인해 발생하기도 한다.

메테인이 인간 건강과 환경에 끼치는 영향은 다양하고 복잡하다. 대류권에서 직접 온실가스로 작용하는 것 외에도 OH라디칼과 반응함으로써, 대류권 오염물 세정제라 불리 우는 OH라디칼이 일산화탄소, 황화수소, 염화불화메테인 등의 다양한 대기오염물질과 반응하는 것을 방해한다. 또한 질소산화물(NO_X)과 반응하여 오존을 생성함으로써 식물 성장을 방해하거나 숲 피해를 일으키고 인체 건강에 해를 끼치기도 한다.

② 염화불화탄화수소(CFC)

CFC는 성층권에서의 오존 분해에 관여하는 특별한 물질로써, 공업적 성질이 우수하여 냉매나 용매 혹은 스프레이 충진제($CFCl_3$나 CF_2Cl_2)나 발포 플라스틱 제조 등 다양한 산업에서 쓰이며, 그 화학적 안정성으로 인해 대기 중 체류기간이 긴 물질이다. 성층권에서의 오존층 파괴 물질로 잘 알려져 있는 이 기체는 그 화학적 안정성이 의미하는 대로 인체에 직접 유해하지는 않으나, 대류권의 CFC는 온실효과를 나타내어 지구온난화에 영향을 끼친다.

③ 휘발성 유기화합물(VOC)

이것은 주로 유기물질 사용 과정에서 일부가 증발하여 배출되는 것으로, 주유 시 증발하는 벤젠이나 여러 산업 공정에 사용하는 다양한 유기 용매 그리고 자동차 등에서와 같이 석유 제품의 불완전 연소 시에도 발생한다. 대부분의 VOC는 냄새가 강하여 일차적으로 악취의 원인이 된다. 질소산화물과 함께 광화학 스모그 반응을 통해 생성되는 이차 오염 물질들은 사람의 점막이나 안구를 자극하기도 하고, 백혈병을 일으키는 벤젠과 같은 암 유발 물질도 VOC에 포함되어 있다. 환경에서는 식물과 건물에도 영향을 끼치고 지표면 근처의 대기 중에서는 오존 생성에 관여하기도 한다.

(6) 온실가스

온실가스(GHG: greenhouse gas)는 온실 효과를 일으키는, 적외선에 감응하는 (infrared active) 미량 기체를 일컫는 용어이다. 이 기체에는 자연발생적인 것과 인간 활동에 기인하는 것이 있다. 온실 가스는 태양으로부터 대기권을 통과하여 지구에 도달했던 햇빛(전자기파)이 지표면에서 반사, 방출되어 우주로 되돌아가는 과정에서 유입된 전자기파 중 긴 파장의(적외선) 열복사선 일부를 흡수한다. 이로써 자연 중의 온실가스들, 대표적으로 수증기는 지구 표면의 평균 기온을 약 15°C로 유지되게 한다. 과학자들은 만약 이런 자연적인 온실가스들이 없었다면 지표면 근처의 지구 평균 기온은 약 −18 °C 정도가 되어 지구에 생물이 존재하기는 어려웠을 것으로 본다.

한편 오늘날 온실가스에 대한 연구와 여러 매체에서의 언급은 자연적인 온실가스 외에 인간 활동에 의한 다양한 온실가스의 추가적 배출과 대기 중에서의 지속적인 온실가스 농도 증가에 대한 것이 주를 이루고 있다. 이는 온실가스의 변화 추이가 지구 표면의 평균 온도 증가 및 그에 따른 전 지구적인 기후변화와 관련 있고 이는 곧 지구 생태계의 변화와 및 인간 삶에 영향을 끼친다는 과학적 주장에 기인한다.

이러한 지구 기후변화 관련 기체들은 이산화탄소(CO_2), 메테인(CH_4), 일산화이질소(N_2O), 불화염화수소(CFC), 육플루오르화황(SF_6) 그리고 오존 등 다양하다. 그 밖에도 구름과 에어로졸 그리고 입자상물질이 지구 기후변화와 관련한 물질로 여겨진다.

(7) OH 라디칼 생성

성층권이나 그보다 높은 대기권에서는 태양 광선이 그곳까지 큰 방해없이 도달하므로 광화학 반응이 대기 조성을 결정하는 주된 반응이다. 한편 대류권에는 큰 에너지를 갖는 짧은 파장의 자외선이 거의 도달하지 않지만, 대류권에서도 광화학

반응은 중요하다. 대류권에서 태양광은 열에너지 공급원일 뿐 아니라 광분해 반응을 일으키는 에너지원이기도 하다.

310 ㎚ 이하 파장의 햇빛은 오존 농도가 높은 성층권에서 대부분 여과되어 대류권에서는 매우 약화되지만 일부는 지표면까지 도달하기도 한다. 그리고 대류권에는 성층권보다는 훨씬 적은 농도이지만 오존이 존재하여 다음과 같은 반응을 통해 충분히 들뜬 상태의 산소, O^*가 생성된다. 이 들뜬 산소 원자의 대부분은 주변 물질(주로 산소 혹은 질소)과 충돌하여 에너지를 전달하고 바닥상태 원자로 돌아간다. 그러나 일부 반응에서 충분한 정도로 들뜬 산소 원자가 수증기와 반응하여 OH, 수산기 라디칼(hydroxyl radical)을 생성한다.

다음은 대류권의 오존이 해리하고 수증기와 반응하여 OH 라디칼을 생성하는 반응식을 나타낸다.

$$O_3 \xrightarrow[\lambda \langle 310\ nm]{h\nu} O_2 + O^*$$

$$O^* + M \rightarrow O + M\ (M = N_2, O_2)$$

$$O^* + H_2O \rightarrow 2 \bullet OH$$

이 반응은 대류권에 존재하는 OH 라디칼의 주된 매카니즘으로 대류권 화학의 핵심 반응 중 하나이다. OH라디칼은 대류권에서 가장 반응성이 큰 화학종의 하나이며, 그 수명은 1초 정도로 매우 짧다. 대류권에서의 OH 라디칼 농도는 0.04 ppt(V/V) 정도로 성층권의 1/100 내지 1/1000 정도에 불과하지만 반응은 매우 활발하여, 대류권의 다양한 화학종들과 반응한다. 대류권에는 큰 에너지의 자연 전자기파가 없기 때문에 광화학 반응이 활발하지 못한데 비하여, OH라디칼은 다양한 대기 중의 미량 물질과 반응하여 그 미량 물질의 상당 부분을 변화시키거나 제거한다. OH라디칼에 의해 미량 물질 중 오염물질이나 유해 물질이 소멸되는 이러한 현상을 일컬어 대기의 '자정작용(self-cleaning)'이라 하고, 이 반응에서 오염물질 제거에 중심 역할을 하는 OH라디칼을 대기의 세정제(detergent) 혹은 진공청소기(vacuum cleaner)라고 부르기도 한다.

　OH라디칼과 반응하는 대부분의 대기오염물질들은 산화되어 수용성 물질로 전환되면서 비나 눈 등의 습식 강하물과 더불어 대기권에서 제거된다. 다음 그림은 OH 라디칼과 반응하는 화학종의 예를 나타내었다.

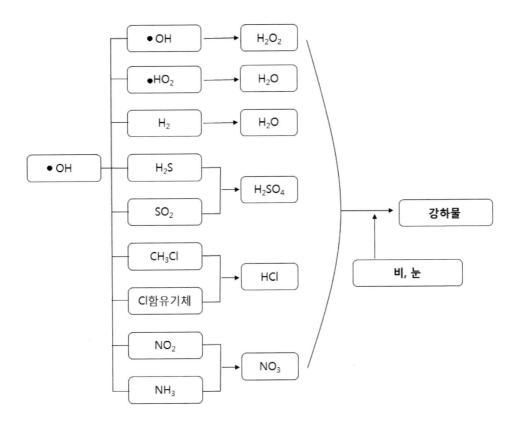

〈그림〉 OH 라디칼의 반응에 의한 대류권의 자정작용

3.3.4   대류권의 오염

(1) 스모그(smog)

① 런던 스모그(london smog)

런던 스모그는 연료사용으로 배출된 기체가, 인구 밀집 지역에 형성된 기온 역전 현상으로 인해 확산되지 않고, 오염물질이 지속적으로 축적되면서 대기중 농도가 계속 증가하여 발생하였다. 일반적으로 대기 오염 물질은 고도가 높은 곳으로 이동하며 희석되는데, 이러한 공기 흐름을 일으키는 원동력은 많은 자연현상에서와 같이 햇빛이다. 지구에 유입된 단파장 광선은 땅에 흡수되어 흙의 온도를 높이고, 토양은 공기를 따듯하게 하며 가열된 공기는 상승하고, 상대적으로 무거운 상부의 차가운 공기는 하강하여 지표면에서 다시 가열된다. 태양이 비치는 낮 동안 이 순환은 지속되고, 대기 오염 물질을 함유한 공기의 흐름도 마찬가지이다. 밤이 되면 태양 동력에 의한 이 순환이 멈추고, 지표면 근처의 공기는 더 이상 따뜻해지지 않고 냉각되어 차갑고 무거워 지면서 순환되지 않고 지표면 근처에 머무른다. 이런 상황을 대기의 기온 역전(temperature-inversion)이라 일컫는다. 이는 주야로 나타나는 자연 현상이지만 이 기온 역전이 장기간 지속되면 문제가 발생하게 되는데, 특히 일조시간이 짧은 겨울에 일어날 수 있다. 기온 역전의 기상 조건이 나타난 지역에 가정 난방이나 공장 가동에 따른 배기가스가 유입되어 장기간 머무르게 되면, 배기가스 중의 유해 성분 농도가 지속적으로 증가하여 해당 지역에 거주하는 사람들의 건강에 치명적인 피해를 입힐 수 있다. 이런 현상에 따른 심각한 예가 1952년 12월 영국 런던에서 발생하였다. 난방을 위한 석탄 연소로 인해 많은 이산화황 가스가 배출되고 기상 조건에 따라 형성된 스모그의 정체로 고통 받던 수많은 시민들이 만성 폐질환과 호흡장애를 겪으면서 총 12000명이 사망했던 사건은 대표적 환경오염의 사고인 '런던 스모그 사건' 이 되었다.

② 광화학 스모그(photosmog 혹은, Los-Angeles-Smog)

광화학 스모그는 햇빛이 강하고 공기의 수직 혼합이 매우 느린(기온 역전) 지역에서 광화학 반응 통해 생성된 오염물질이 쌓이면서 일어난다. 광화학 스모그의 대표 이름이 된 로스엔젤레스는 삼면이 산으로 둘러싸여 있고, 남은 한 방향은 바다이다. 자동차가 넘쳐나는 대도시에 햇빛이 강한 여름날, 바다의 찬 공기가 도시 지표면으로 유입되고 더운 공기는 상승하면서 기온 역전이 형성된 기상 조건에서, 오염된 물질을 포함한 지표면 공기의 수직 혼합이 일어나지 못함에 따라 발생하였다. 스모그 발생의 화학적 과정은 매우 복잡하지만, 그 중 간단한 이차 오염물질(O_3)의 생성 반응을 보면 다음과 같이 쓸 수 있다.

〈그림〉 광화학 스모그에 쌓인 도시 - 멕시코시티

일차 대기오염 물질인 자동차 배기가스로 인한 질소산화물(NO_x) 중 하나인 NO는 불안정하여 대기 중의 산소와 반응하여, 자극성 악취물질인 NO_2로 바뀐 후

$$2NO + O_2 \rightarrow 2NO_2$$

여름철 강한 햇빛 속의 자외선($h\nu$)에 의해 분해되어 반응성이 큰 산소원자를 생성하고

$$NO_2 + h\nu \rightarrow NO + O$$

$$O + O_2 \rightarrow O_3$$

이 산소원자는 대기 중에 흔한 산소 분자와 결합하여 오존(O_3)을 형성한다. 이 오존은 광화학 스모그에서 생기는 주요 이차 오염물질 성분이다.

(2) 산성비

자연적으로 발생하였거나 혹은 인간 활동에 따라 생성되어 대기 중으로 배출된 기체 중 많은 물질이 산성반응을 한다. 전체 이산화황 배출의 50 % 이상과 전체 질소산화물 배출량의 30 % 이상은 인간의 여러 활동에 기인한다. 이런 기체가 대류권에서 산화 반응을 하거나 강하물(비, 눈 등)에 의해 흡수되면, 오염되지 않은 순수한 비의 수용액의 CO_2-H_2O평형에서 나타나는 pH 5.6을 벗어나, pH 4 혹은 심한 경우 pH 2 이하의 산성 강하물이 나타나기도 한다. 강하물의 산성성분은 H_2SO_4, HNO_3혹은 SO_2또는 드물게 HCl이 포함되기도 한다. 지역에 따른 차이가 뚜렷한데, 연평균 강수량이 600 ㎜라고 할 때 평균 pH가 4.2를 나타냈다고 하면 산 강하물은, 황산으로 연간 1.8 g/㎡혹은 질산으로 환산하면 2.3 g/㎡이다. 완충능력이 낮은(탄산수소이온 농도가 낮은) 물이나 토양에 이러한 강하물이 쌓이면 물이나 토양의 산성화가 일어난다.

화석연료 사용 등의 인간 활동이나 화산 또는 토양 박테리아의 활동으로 인해 대기로 유입된 일차오염 물질인 NOX나 SO_2는 햇빛, 오존, 수증기 등과 반응하여 이차오염물질로 전환된다.

이런 반응의 간단한 예를 보면, 오존 분자가 햇빛(광자, $h\nu$)을 만나 산소분자(O_2)와 산소 원자(O)로 분해되고,

$$O_3 + h\nu \rightarrow O_2 + O$$

반응성이 큰 산소원자가 물(H_2O)과 반응하여 하이드록실 라디칼을 생성한다.

$$H_2O + O \rightarrow 2OH$$

〈그림〉 숲고사

대기 중의 일차 오염물질인 NO_2가 하이드록실 라디칼과 반응하거나, SO_2가 물과 반응하면 각각 질산과 황산이 생성된다.

$$NO_2 + OH \rightarrow HNO_3$$

$$2SO_2 + 2H_2O + O_2 \rightarrow 2H_2SO_4$$

이렇게 생성된 질산은 안개나 구름 속 물방울에 쉽게 녹으며, 황산은 0.1~2 μm정도의 작은 물방울에 응축되어 황산염을 형성하는데, 이들은 건식 강하물로 지표면에 가라앉거나 대기 중 수분 함유 에어로졸 생성의 씨앗이 된다. 비나 눈이 오면 대기 중의 이 오염물질들은 씻겨 내리고, 오염된 이 비는 '산성비'가 된다.

산성비는 토양과 수질계의 산, 염기 성상에 따라 다양한 결과를 낳는다. 한편, 산성비로 인한 피해 중 숲이 고사하는 'Waldsterben(발트슈테르벤: 숲의 고사)현상은 숲 속 토양에 함유된 알루미늄이 산성비의 유입으로 인해 알루미늄 이온으로 용출되어 나옴으로써 식생이나, 수중생물에 해를 입히는 현상이다. 그리고 산성비나 산성 안개는 대리석이나 탄산염 광물로 조성된 기념물이나, 건축물과 산·염기 화학반응을 함으로써 역사적 유물의 손상 등 다양한 환경 피해를 일으킨다.

(3) 온실효과

인류가 사용하는 에너지의 80 % 이상은 탄소 기반의 화석연료를 연소해 얻는다. 이 과정에서 산화 생성물로 이산화탄소가 발생하는데, 이 중 실질적으로는 적은 양만이 식물의 광합성에 이용될 수 있을 뿐이다. 인류의 에너지 사용량이 증가하고 이산화탄소 배출량이 증가하여, 지난 약 150년 간의 추이를 살펴본 결과, 지구 대기 중의 이산화탄소 농도는 지속적으로 증가했고 앞으로도 증가할 것이 확실하다. 현재 매년 약 20,000 Mt 정도의 이산화탄소가 화석연료 사용으로 방출되는데, 거기에 반해 열대우림의 파괴 등으로 생물체가 대기권으로부터 이산화탄소를 흡수하는 양은 매년 2,500-3,000 Mt 정도씩 감소했다.

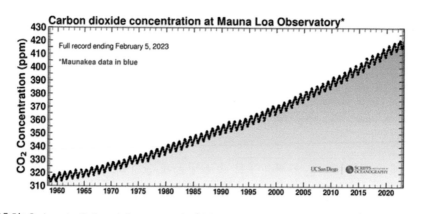

*출처: Scripps Institution of Oceanography/University of California San Diego (2023.02.06.), 누리집 keelingcurve.ucsd.edu

〈그림〉 1958년 이후 대기 중 이산화탄소 농도 변화

산업화가 시작되기 전 대기 중 이산화탄소 평균농도는 270 ppm이었으나, 점차적으로 증가하여 현재는 지역에 따라 400 ppm정도에 가깝다. 이 증가 추세를 막기 위해서는 현재의 에너지 생산기술에 대한 근본적인 변화가 필요하다고 보고 있다. 인류는 에너지 절약이나 대체에너지 등을 통해 연간 이산화탄소 배출량을 감소시키고 있으나, 환경 중에서의 이산화탄소의 반응은 느리기 때문에 대기 중 이산화탄소 농도는 앞으로도 수십 년이 경과해야 감소 추세에 이를 수 있을 것이다.

대류권의 CO_2 농도(CH_4, N_2O 및 CFC와 같은 대기중 미량의 온실기체와 함께)와 관련하여 온실효과에 대한 논의가 매우 활발하고, 온실효과로 인한 지구 미래에 대한 신뢰할 만한 결과를 예측하기 위해 많은 연구가 수행되고 있다.

온실효과는 지표면에서 방사되어 나오는 장파장의 열 복사선을, 대기권에서 농도가 증가하고 있는 이산화탄소를 비롯한 온실 기체가 흡수하여 대류권의 기온이 점점 증가하는 것을 말한다.

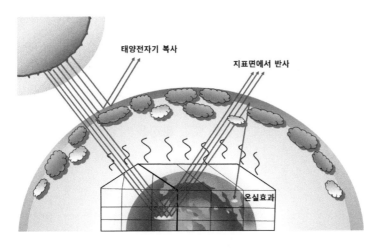

〈그림〉 지구 온실 효과

일부 모델 계산에 의하면 현재의 이산화탄소 농도가 2배로 증가하면, 지표면 대기온도는 2~3 ℃ 증가할 수 있고, 극지방에 따라 6~8 ℃까지 증가할 수도 있다고 한다. 이는 지구의 기후 변화를 유발하고 세계의 물 분포를 급격히 변화시키는 등 지구 환경에 큰 변화를 가져올 것으로 예측된다. 1940년대 이후 해마다 해수면의 높이가 약 3 ㎜씩 상승한 것도 이미 CO_2 증가가 유발한 열 유입으로 극지방 빙하가 녹은 데 기인한 것일 수도 있다. 논란을 잠재울 수 있는 더 나은 과학적 증거와 좀 더 신뢰할 수 있는 예측 결과를 얻기 위해 많은 전문가들이 포함된 국제적 노력이 현재도 진행 중이다.

(3) 대기오염으로 인한 2차 환경오염

대기 오염은 개별 화학종에 의한 직접적인 환경 영향 이외에도 화학종의 화학 반응을 거쳐 새로운 오염 물질을 형성하고 그에 따라 2차 환경 문제를 일으킬 수도 있다. 한 예로 일반적 대기 오염 물질인 오존(O_3)과 이산화질소(NO_2)로 인하여 대기 중에 중금속 물질인, 납(Pb) 농도가 증가하는 사례를 들 수 있다.

오존과 이산화질소가 건강에 유해하다는 걸 인지한 것은 오래 전 부터 였으며, 그에 따라 1971년 미국환경보호청(EPA)이 두 물질의 1시간 대기질 평균 농도를 0.08 ppm 으로 규제하였다. 오존과 이산화질소는 모두 호흡기 질환을 유발하는 주된 실외 대기 오염 물질이다. 그 외에도 이산화질소는 산성비 형성에 중요한 역할을 하며, 지구 온난화에 기여하기도 하고, 식물 성장을 방해한다. 한편 지표면의 오존은 식물이 광합성을 하여 결실을 맺는 과정을 방해하고, 질병에 대한 내성을 감소시킨다.

이러한 직접적인 영향 외에도 다른 여러 예기치 못한 일들이 일어날 수도 있는데, 오존과 이산화질소가 다른 물질과 반응하여 2차적인 환경오염을 일으키는 한 예로 대기 중의 납 농도 증가를 들 수 있다. 자동차 배기가스로 인한 이산화질소와 오존이 집이나 기타 건축물에 도장된, 납을 함유한 도료와 반응하는 경우 그 납은 대기 중에 분진으로 떨어져 나올 수 있다. 이는 도료를 구성하는 불포화 고분자 접착제가 역시 불포화 화합물인 이산화질소, 오존과 반응하는 것으로, 그 결과 생성된 납 함유 분진이 집안에 혹은 오존과 이산화질소 농도가 자주 높게 나타나는 도심지 환경에서 관측될 수 있다. 이런 연구 결과들이 주거 및 도심 환경에서 납 함유 도료 사용을 배제해야 되는 근거를 제시하며, 근본적으로는 오존, 이산화질소와 같은 대기오염물질에 대한 관리와 규제가 있어야 함을 보여준다.

이러한 연구 결과가 있음에도 개발도상국가에서는 여전히 납을 함유한 도료를 생산하고, 그러한 국가에서는 이산화질소와 오존 발생 정도가 규제를 시행하고 있는 국가에서 보다 심할 것이므로, 납을 함유한 도료를 실내에 사용할 경우 어린이를 비롯한 노약자가 납 중독에 노출되는 위험은 크게 증가할 것이다. [출처:Edwards, R.D., N.L. Lam, L. Zhang, M.A. Johnson& M.T. Klei nman; nitrogen dioxide and ozone as factors in availability of lead from lead-based paints; Environ. Sci. & Technol., 43, 8516-21. (2009)]

3.3.5 기후 변화와 이산화탄소

(1) 지구 온난화

'지구온난화는 인간 활동에 따라 배출되는 온실가스에 의한 것일 확률이 90 % 이상이다.' 라고 IPCC(Intergovernmental Panel on Climate Change, 기후 변화에 관한 정부 간 협의체)의 연구 전문가들이 4차 보고서(2007년)에 기술하였다. 또 하나의 자연적인 원인으로 태양의 활동이 더 왕성해지는 것이 있지만 그에 따른 온난화 기여는 적은 것으로 판단하고 있다.

지속되는 지구온난화는 무엇보다 화석연료의 연소에 따른 것으로, 인간의 활동이 그 원인이라는 것이 새삼스러운 것은 아니다. 이미 19세기 말 스웨덴 화학자 S.A. Arrhenius는 이산화탄소가 지구 기후에 의미 있는 물질임을 밝혔으며, 미국의 기상학자 C.D. Keeling이 처음으로 대기 중 CO_2 농도를 정기적으로 측정하기 시작한 것은 1957년이었다. Keeling이 여러 곳에서 측정한 대기 중 CO_2 농도가 지속적으로 증가한다는 사실은 기후변화 연구에 큰 반향을 일으켰고, 1988년 이후 UN이 설립한 IPCC에 여러 나라의 많은 전문가들이 참여하여 연구하고 있다.

이들의 연구와 논의의 결과는 지구온난화의 주된 원인은 인간에 의한 온실가스 배출이다. 지구온난화가 태양활동이 증가하는데 따른 자연적인 현상 때문이라는 비평가들의 제안이 항상 있어왔는데, IPCC는 여러 연구결과 현재 태양의 변화는 매우 적어서 관측된 지구온난화를 설명하지 못하고 태양의 변화에 기인한 기후 영향은 인간 활동에 따른 온실효과의 1/10정도에 불과하다고 보고하였다.

특히 가장 중요한 온실 가스는 이산화탄소, CO_2,로 대류권 기체의 약 0.04 %를 차지하며, 그 외의 온실가스로는 메테인(CH_4), 일산화이질소(N_2O, 아산화질소), 육플루오르화황(SF_6) 및 염화플루오르화 탄소(CFC, chlorofluoro carbon) 등을 들 수 있다. 인간 활동에 따라 배출되는 이산화탄소는 기후변화 원인의 2/3정도를 차지한다. 2016년 전 세계에서 인간 활동을 통해 대기 중으로 배출된 CO_2양은 30 기가 톤(1Giga ton=1X10^9 ton) 이상이며, 이 중 일정량만 자연적인 순환과정에서 바다나 숲에 저장되는 형태로 재흡수 된다.

한편 전 세계적인 벌목으로 지구온난화는 심화되고 있다. 숲은 지구상에 존재하는 총 탄소의 약 70 %정도까지 저장하고 있다. 습지와 특히 남미와 인도네시아 등지에서 열대림이 사라짐으로써 막대한 양의 이산화탄소가 대기 중으로 배출된다. 삼림 벌채에 따른 영향이 전 세계 온실가스 배출의 약 20 %를 차지한다. 또한 산업화된 농업이 지구온난화에 끼치는 영향도 크다. 기계화와 농약, 인공비료를 사용하는 것은 에너지 소모량이 크고, 화학 질소비료는 기후변화에 영향을 더하는 일산화이질소의 발생원이며, 집약적인 축산은 온실가스인 메테인의 대량 배출원이 된다.

1957년 하와이 Mauna Loa 관측소에서 정기적으로 CO_2측정을 시작한 이후 전 세계 온실가스 연구자들의 측정망을 통해 확인된 대기 중 CO_2농도가 2016년 약 300 ppm에 이르렀다. 단지 50 %의 확률로 '2°C온도 한계(2 degrees celcius; 지구

온난화에 대응하여, 지구의 평균 기온 상승 정도가 산업 혁명 이전에 비해 2°C 이내에 머물도록 각 나라가 탄소 감축 등 해결책을 모색하자고 2015년 파리기후회의에서 논의된 주제.)'를 달성하기 위해서도 대기 중 온실가스 농도가 450 ppm을 넘어서는 안 된다는 기후 과학자들의 생각과는 달리 현재의 온실가스농도 증가 추세는 그 반대로 향하고 있다는 우려가 멈추지 않고 있다.

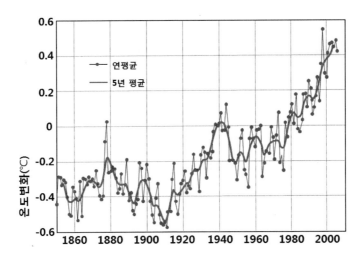

*출처: Wikipedia

〈그림〉 산업 혁명 전후를 기준으로 한 해수면 평균 기온

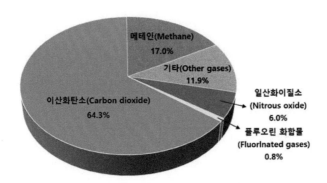

* 자료출처: Intergovernmental Panel on Climate Change, Fifth Assessment Report (2014).

〈그림〉 여러 온실 가스가 지구 온난화에 영향을 끼치는 비율

(2) 나라별 이산화탄소 배출량

이산화탄소 배출은 자연적으로 발생하는 것 외에 무엇보다 석탄, 석유, 천연가스 등 화석 연료의 사용에 따른 인위적 요인이 크다. 가장 많은 이산화탄소를 배출하는 나라는 중국, 미국 그리고 EU 국가이지만 중국의 1인당 배출량은 선진국에 훨씬 못 미친다.

2016년 전 세계 CO_2배출량은 334억 톤 정도로 추산되는데, 국가별 CO_2배출 총량을 보면 중국이 월등히 많다. 중국의 연간 배출량은 약 104억 톤으로 전 세계 CO_2 배출량의 31.21 %를 차지하며, CO_2 배출량 상위 5개국(중국, 미국, 인도, 러시아, 일본)의 총 배출량은 전 세계 배출량의 62.46 %를 차지한다. 우리나라의 2016 연간 CO_2 배출 총량은 약 6억 톤으로 전 세계에서 9번째로 많은 양이었다.

한편 국가별 인구 1인당 CO_2 배출량은 국가 총배출량과는 차이가 있다. CO_2 국가 총 배출량이 월등히 많은 중국의 경우 1인당 CO_2 배출량은 7.45톤으로 전 세계 순위 36번째이며, 국가 총 배출량이 그 다음인 미국의 1인당 CO_2 배출량은 15.56톤이다. 우리나라의 1인당 CO_2 배출량은 11.89톤으로 전 세계에서 17번째로 많다. 인구 1인당 CO_2 배출량이 많은 10개 국가와 그 배출량을 표에 나타내었다. 한편 북한의 연간 국가 CO_2 배출 총량은 0.59억 톤으로, 보고된 181개국 중 49번째이며, 인구 1인당 CO_2 배출량은 2.31톤으로 94번째이다.

〈표〉 1인당 CO$_2$ 배출량 상위 10개국

순위	국가명	1인당 배출량 (톤, ton)	순위	국가명	1인당 배출량 (톤, ton)
1	카타르	38.52	6	캐나다	18.62
2	트리니다드토바고	25.72	7	브루나이	18.14
3	쿠웨이트	25.06	8	룩셈부르크	17.61
4	아랍에미레이트	23.60	9	호주	17.22
5	오만	19.87	10	바레인	17.10

<표> 국가별 이산화탄소 배출총량 및 1인당 배출량

순위	국가명	연간 총 배출량 (억 톤, $\times 10^8$ ton)	1인당 배출량 (톤; metric ton)
1	중국	104.33	7.45(36)
2	미국	50.12	15.56(14)
3	인도	25.33	1.92(105)
4	러시아	16.62	11.54(20)
5	일본	12.40	9.68(22)
6	독일	7.76	9.47(25)
7	캐나다	6.76	18.62(6)
8	이란	6.43	8.00(34)
9	대한민국	6.04	11.89(17)
10	인도네시아	5.30	2.03(103)
11	사우디아라비아	5.17	16.01(13)
12	브라질	4.63	2.23(96)
13	멕시코	4.41	3.45(78)
14	호주	4.15	17.22(9)
15	남아프리카	3.91	6.97(41)
16	터키	3.68	4.63(60)
17	영국	3.67	5.59(49)
18	폴란드	2.97	7.77(35)
19	타이완	2.77	11.73(19)
20	태국	2.71	3.93(71)
49	북한	0.59	2.31(94)

* 자료 정리 및 인용 : https:/knoema

3.3.6 대기질 정보

지상의 공기가 현재 어느 정도 오염되었는지를 나타내고, 그 오염 정도에 대한 정보를 알리기 위한 대기질(air quality) 지수가 미국 EPA를 비롯하여 세계 여러 나라에서 개발되었다.

우리나라에서도 국민이 대기오염 정도를 알 수 있고 대기오염으로 인한 피해를 예방하는 행동지침을 제시하기 위해 통합 대기 환경 지수(CAI, comprehensive air-quality index)를 개발하여 앱 형태 등을 통하여 일반 국민이 쉽게 접할 수 있도록 대기질 정보를 실시간 공개하고 있다.

이 지수들은 대기오염도에 따른 인체 영향 및 체감오염도를 고려하여 개발된 대기오염노 표현 방식으로, 통합대기환경지수는 0에서 500까지의 계산 값을 네 단계로 나누어 지수 값이 커질수록 대기 상태가 좋지 않음을 나타낸다.

미국 환경청(EPA, Enviro nmental Protection Agency)에서 대기질을 판별하고 알리는데 사용하기 위해 개발한 지수는 AQI(Air quality Index, 대기질 지수)이며, AQI 값은 0에서 500까지 50 이하의 좋은 대기질 부터 301 이상의 유해한 대기질까지 여섯 단계로 나뉘어져 있다.

다음에 우리나라와 미국의 대기질 표기 방법을 표로 나타내었다.

〈표〉 우리나라의 대기질 표기 방법

CAI 값	지수 구분	상징색	의미
0-50	좋음	파랑	대기오염 관련 질환자 군에서도 영향이 유발되지 않을 수준
51-100	보통	초록	환자군에게 만성 노출 시 경미한 영향이 유발될 수 있는 수준
101-250	나쁨	노랑	환자군 및 민감군(어린이, 노약자 등)에게 유해한 영향 유발, 일반인도 건강 상 불쾌감을 경험할 수 있는 수준
251 이상	매우 나쁨	빨강	환자군 및 민감군에게 급성 노출 시 심각한 영향 유발, 일반인도 약한 영향이 유발될 수 있는 수준

〈표〉 미국의 대기질 표기 방법

AQI 값	건강 관련 수준	상징색
0-50	좋음(good)	Green
51-100	보통(moderate)	Yellow
101-150	민감군 건강에 영향 (unhealthy for sensitive groups)	Orange
151-200	(일반군) 건강에 영향(unhealthy)	Red
201-300	건강에 심각한 영향(very unhealthy)	Purple
301-500	유독함(hazardous)	maroon

우리나라의 CQI와 미국의 AQI값을 산정하기 위하여 측정하는 대기오염물질은 오존, 미세먼지, 초미세먼지, 일산화탄소, 이산화질소 및 아황산가스 등 6가지인데, 이 측정 항목을 아래 표에 대비하여 나타내었다.

〈표〉 한국과 미국의 지수 산출 대상 오염물질

	오존 (O_3)	오존 (O_3)	초미세먼지 (PM2.5)	미세먼지 (PM10)	일산화탄소 (CO)	이산화질소 (NO_3)	아황산가스 (SO_2)
한국	1시간 평균	-	24시간 평균	24시간 평균	1시간 평균	1시간 평균	1시간 평균
미국	1시간 평균	8시간 평균	24시간 평균	24시간 평균	8시간 평균	1시간 평균	24시간 평균

Reading Environment

아버지와 아들이 대를 이어 그리는 그래프

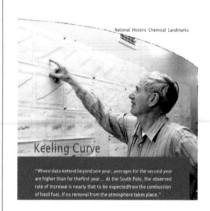

대기권의 온실가스 농도는 지속적으로 증가하고 있다. 그 중에서도 이산화탄소 농도는 60여 년 전 (좀 더 명확히는 1958년) 보다 30% 정도 증가하였다. 우리가 지구 환경 연구에 중요한 이 물질의 증가율을 정확히 알 수 있는 것은 한 분야에서 묵묵히 일해 온 연구자와 그의 일을 이어가는 아들 덕분이다.

미국의 지구 화학자 Charles Keeling 박사가 1958 년 대기권의 이산화탄소 측정을 시작할 때 지구 온난화나 기후 변화 문제는 공개적인 논의가 거의 없는 주제였다. 그저 몇몇 과학자들만 '인류가 사용하는 석탄과 석유 연소에서 발생하는 이산화탄소가 대기권에 축적될까?' 하는 궁금증을 갖고 있을 뿐이었다.

Keeling 박사는 이 의문을 풀어보고 싶었다. 일반적인 대기 조성 물질로서의 이산화탄소 농도 측정을 위해 집중적인 CO_2 발생원으로부터 멀리 떨어진 하와이 섬 Mauna Loa (하와이 여행객을 놀라게 한 2022년 11월 화산 활동이 시작되었다는 바로 그 곳이다!) 정상에 측정소를 세웠다. 자동차 배기가스 등 배출원의 직접적인 영향을 벗어났으므로 다른 대류권 조성 기체들과 마찬가지로 CO_2 농도는 일정할 것으로 예상했다.

첫 측정 후 발전기가 고장 나고 며칠 후 측정을 재개하면서 CO_2 농도가 계속 감소하여 '고장인가?' 하면서도 측정을 지속하여, 1년 후 의미 있는 결론을 얻었다. CO_2 농도는 계절에 따라 증감함을 확인하고 '지구가 숨 쉬고 있다'는 걸 알았다. 하와이는 지구 북반구에 위치하고, 지구상의 대부분 나라들도 북반구에 있으며, 시베리아와 북아메리카 등 북반구 넓은 면적에 분포한 숲은 계절에 따라 광합성 양이 차이가 있음을 측정을 통해 확인했다.

Keeling박사는 시간이 지나면서 측정 곡선이 상승하는 것을 발견했고, 이는 대기 중 CO_2 농도가 증가하는 것을 의미했다. 이 결과는 많은 과학자들에 게 새로운 관련 연구 동기를 불러일으켰고, 오늘날 기후변화가 학문의 한 분야로 발전하는 데에도 기여하게 되었다.

Keeling 박사가 최초 연구를 기획할 때 가졌던 의문은 줄었지만, 그는 측정을 지속하고자 했다. 그러기 위해 그는 자기 자신과 과학자들의 일반적 편견 그리고 많은 과학자들이 겪는 연구비 조달의 어려움을 극복해야 했다.

CO_2 측정과 같은 연구는 단순 반복적인 작업처럼 느껴질 수 있고, 언제나 새로운 주제를 찾아 연구하는 것만이 과학의 본분인 것처럼 여기는 학계와 학자의 관습적 사고, 그리고 장기적인 측정 관측에 지속적으로 연구비를 제공하기를 꺼리는 정부 및 연구재단 등과 씨름하는 것은 오늘날의 과학 기술계에서도 버겁다. Keeling 박사가 겪은 그 당시 재정적인 문제는 오늘날 우리가 더없이 고맙게 이용하고 그 중요함을 확신하는 장기적 CO_2 농도 측정 곡선인 Keeling curve에도 영향을 끼쳐서 1964년에는 축정자료에 구멍이 생겼다고도 한다.

2005년 Charles Keeling이 사망한 후에는 그의 아들 Ralph Keeling이 CO_2 측정을 지속하고 있다. 아버지와는 다른 전공의 대학 교수였던 그가 자신의 고유 연구 경력을 뒤로하고, 단순해 보이고 끝이 없는 CO_2 측정 작업을 이어받은 것이다.

권력 승계를 비롯한 많은 부자 세습은 환영하거나 권장할만한 것이 못되지만 아버지와 아들이 대를 이어 측정 연구를 이어감이 신선하다. 그 연구가 새로운 발견을 기대하는 빛나는 분야가 아니기에 더욱 더 그렇다. 하지만 지금도 계속 자료를 누적해가는 Keeling-Curve가 오늘날 최대 환경 관심사인 기후 변화 논의의 중심에 있음은 아버지와 아들의 시작과 인내의 열매라고 할 수 있다.

다음 웹 자료는 하버드 대학의 기후 관련 과정에서 찾을 수 있는 Keeling curve 소개 자료와 미국화학회에서 인간의 삶에 영향을 끼치는 과학사의 주요 사례로 Keeling 박사의 연구 업적을 소개한 자료를 읽을 수 있다.

(1) https://courses.seas.harvard.edu/climate/eli/Courses/EPS281r/Sources/
Keeling-CO2-curve/Keeling%20Curve%20-%20Wikipedia.pdf
"Keeling Curve"

(2) https://www.acs.org/content/dam/acsorg/education/whatischemistry/
landmarks/keeling-curve/2015-keeling-curve-landmark-booklet.pdf
"The Keeling Curve"

한편 다음은 마우나로아 관측소의 과거와 현재 자료들을 볼 수 있는 샌디에고대학 (UC San Diego) 연구소 웹주소이다. 이산화탄소 측정 결과를 거의 실시간으로 기록하고, 짧게는 한 주, 한 달, 일 년 간의 자료부터, 측정을 시작한 1958년 이후의 모든 측정 결과와 함께 1700년 이후, 그리고 지난 2000년간 또는 일 만 년 간 심지어는 8억 년 간의 CO_2 농도 변화 곡선을 확인할 수 있다. 이는 아마도 아버지 Charles에 이어 이 연구를 계속하는 아들 Ralph keeling이 아버지의 오래된 측정 자료를 디지털화 하면서 그로부터 새로운 관련성을 찾아내는 결과물로 보인다. 샌디에고 대학의 자료 중, Keeling 부자가 직접 측정한 1958년 이후의 CO_2 농도 자료와 그림은 허가 없이도 이용할 수 있는 것으로 보인다. 감사!

(3) https://keelingcurve.ucsd.edu/pdf-downloads/
"The Keeling Curve – Keeling Curve Graphs in PDF format"

4장

환경 이해의 도구 (2)

화학 반응

화학 평형(Chemical Equilibrium)은 화학반응이 정지된 상태가 아닌 농적인 평형(dynamic equilibrium)으로 가역적인 화학반응(reversible chemical reaction)에서 이루어진다. 가역 반응은 정반응과 역반응이 균형을 이루는 것으로, 반응물질과 생성물질이 평형상태를 이루고 있는 화학반응을 평형 반응이라고 할 수 있다.

평형상태에서는 반응물이 생성물로 전환되고 생성물이 다시 반응물로 전환되는 정반응과 역반응이 같은 속도로 지속적으로 일어난다. 특정한 온도의 평형상태에서 반응물과 생성물의 농도의 비는 일정한데 이는 반응의 고유한 특성에 해당한다.

동적인 평형은 정반응속도와 역반응 속도가 같은 것을 가르킨다. 화학반응의 속도는 반응물의 농도(Concentration), 좀 더 정확하게는 활동도(Activity)에 정비례한다. 즉 반응물의 농도가 크면 클수록 반응속도는 증가할 수 있다.

처음 화학반응이 시작하여 평형에 이르는 경우 반응물의 농도는 지속적으로 감소하기 때문에 정반응속도는 감소한다. 이때 동시에 생성물의 농도는 지속적으로 증가하기 때문에 생성물이 반응물로 돌아가는 역반응의 속도는 증가한다. 최종적으로 두 반응 속도가 같아지면 같은 시간 간격에 같은 양의 생성물과 반응물이 형성되는 화학 평형에 도달한다.

반응물 A, B가 반응하여 C, D를 생성하는 화학 반응식은 일반적으로 다음과 같이 쓸 수 있다.

$$aA + bB \rightleftharpoons cC + dD$$

여기서 소문자 a, b, c, d는 각 화학물질의 반응 계수이며, 이중 화살표는 정반응, 역반응의 평형을 나타내는 기호이다.(유사한 화살표 ↔ 는 화합물의 공명을 나타내는 다른 기호이다.)

위 화학반응의 정반응 속도 r_f(reaction rate of forward reaction)과 역반응 속도 r_r(reaction rate of reverse reaction)은 다음과 같이 표기할 수 있다.

$$r_f = k_f \cdot [A]^a \cdot [B]^b$$
$$r_r = k_r \cdot [C]^c \cdot [D]^d$$

여기서 k_f와 k_r은 정반응 속도상수(Reaction Rate)와 역반응 속도상수이며, 평형상태에서 정반응 속도와 역반응 속도는 같으므로 다음과 같이 쓸 수 있다.

$$r_f = r_r$$

즉,

$$k_f \cdot [A]^a \cdot [B]^b = k_r \cdot [C]^c \cdot [D]^d$$

속도 상수와 농도 항을 정리하면 다음과 같이 되고, 이는 위 화학반응의 평형상수(Equilibrium Constant, K)에 해당한다,

$$K = \frac{k_f}{k_r} = \frac{[C]^c \cdot [D]^d}{[A]^a \cdot [B]^b}$$

평형상수 식은 화학 평형이 어느 쪽으로 기우는지를 알려준다. 평형상수 식의 값이 커지는 것은 화학 평형이 생성물 쪽으로 기울어지고 있는 것이고, 평형상수 식의 값이 감소하는 것은 평형이 반응물 쪽으로 치우침을 가르킨다.

평형상수는 반응계의 조건들 즉, 온도, 압력에 따라 결정되는데, 이 값의 크기로부터 화학 반응의 평형 상태를 알 수 있다. 평형상수가 1 이상의 큰 값이면 ($K > 1$), 화학반응의 평형은 생성물(위 화학 반응계의 주된 화학종이 C, D가 되는) 쪽으로 기울고, 평형상수가 1 이하로 작은 값이면($K < 1$), 화학반응의 평형은 반응물(위 화학 반응계의 주된 화학종이 A, B가 되는 쪽으로 기운다.

반응물과 생성물 이외에 화학반응에 포함될 수 있는 물질로 반응속도에 영향을 끼치는 촉매(Catalyst)를 이용하는 경우가 있다. 촉매는 정반응과 역반응 속도를 가속시키거나 감속시키는 물질이다. 촉매는 평형상태의 반응물과 생성물 농도를 변화시키지는 않지만, 반응이 평형상태에 이르기까지의 속도에 영향을 끼친다. 이는 촉매가 해당 반응의 활성화 에너지(activation energy)를 증가시키거나 감소시키는 데 따른 것이다.

화학 평형에 놓여있던 반응계에 외부에서 평형을 깨트릴 수 있는 요인이 작용하면 반응계는 그 외부 요인의 영향을 최소화하는 방향으로 화학반응이 기운다. 이는 르샤틀리에 원리(Le chatelier's Principle) 이다. 화학평형을 교란시킬 수 있는

요인은 반응계 물질(반응물 또는 생성물)의 농도 변화, 반응계의 온도 변화(열의 유입 또는 유출), 반응계의 압력 변화(부피변화)를 들 수 있다.

(1) 농도 변화의 영향

반응계 물질(반응물 또는 생성물)을 첨가하거나 제거하는 경우, 르샤틀리에 원리에 따라 농도 변화를 최소화하는 과정으로 반응이 진행한다. 즉, 물질 농도 증가에 따른 충격은 첨가된 물질이 소비되는 쪽으로 반응이 진행하고, 반응계에서 물질을 제거함에 따른 충격은 제거된 물질 농도를 증가시키는 쪽으로 반응이 진행한다.

다음과 같은 반응을 살펴보자. 이는 공기 중 질소를 산업적으로 고정하여 비료를 생산하는 하버 공법(Haber Process)의 화학 반응이다.

$$N_{2(g)} + 3H_{2(g)} \rightleftharpoons 2NH_{3(g)}$$

이 평형 반응계에 질소를 더 첨가하면, 농도 증가에 따른 충격은 반응이 질소를 소비하는 방향, 즉 정반응 쪽으로 평형이 기울어진다. 평형상태에 반응물이 첨가되면 반응 계수(Q_c)가 평형상수(K_c)보다 작으므로 정반응이 우세하게 된다. 여기서 반응 계수(Reaction Quotient)는 반응지수로도 번역되는 개념인데, 화학반응이 아직 평형에 도달하지 않은 상태일 때의 반응물과 생성물 농도를 평형상수 수식에 넣어 계산한 값을 가르킨다.

이 평형 반응계에서 생성 물질인 암모니아를 제거하면, 그 영향을 줄이기 위해 암모니아가 생성되는 방향, 즉 정반응 쪽으로 평형이 치우친다. 반응물이 제거되거나 생성물이 첨가되면, 르샤틀리에 원리에 따라 줄어든 반응물이 증가하거나 과잉 생성물이 줄어드는 방향, 즉 역반응이 우세하게 진행된다.

(2) 압력 변화의 영향

반응물과 생성물의 몰 농도가 다른 기상(gaseous state) 반응에서 반응계의 압력이 변화하면 반응물과 생성물의 농도에 차이가 발생한다. 위의 하버 공법은 기상 반응으로써, 4 몰의 반응물(질소 1 몰과 수소 3 몰)로부터 2 몰의 생성물(암모니아)을 얻는다.

기체의 법칙에 따르면 반응계의 온도와 압력이 일정할 때 기체의 양은 기체의 압력에 정비례한다. 만약 위 하버 반응에서 반응계 압력을 증가시키면 화학 평형은 압력이 낮은 쪽으로 치우치게 된다. 즉, 부피가 정해진 한 반응계(반응용기)에 반응물과 생성물이 들어 있으므로 총 몰 수가 4 몰인 반응물 쪽보다 총 몰수가 2 몰인 생성물 쪽을 선호한다. 따라서 반응은 정반응 쪽으로 기운다.

반면에 반응계의 압력이 감소하면 총 몰수가 더 큰 반응물 쪽으로 평형이 기울면서 역반응이 우세하게 된다.

(3) 온도 변화의 영향

대부분의 화학반응이 일어날 때는 열(에너지)을 흡수하거나 방출한다. 압력이 일정한 조건에서 일어나는 화학반응(주전자의 물을 끓이거나 개방된 플라스크 속에서 반응을 진행하는 경우 반응계가 대기 압력 하에 있다)에서 엔탈피 변화량($\triangle H$)으로 나타낸다. 화학 평형의 방향은 반응 엔탈피 변화($\triangle H$)의 부호에 따라 달라진다.

반응 엔탈피 변화가 음의 값($\triangle H < 0$)인 발열 반응(exothermic reaction)의 경우 반응계에 열(에너지)을 가하면 화학 평형의 방향은 반응물 쪽으로 기울면서 역반응이 우세하게 진행된다. 그 반면에 반응 엔탈피의 변화가 양의 값($\triangle H > 0$)인

흡열 반응(endothermic reaction)의 경우에 반응계에 열을 가하면 평형 이동은 정
반응 쪽으로 진행된다.

위의 암모니아 합성(하버 공법)은 발열 반응으로써, 생성되는 열(Q_{Kcal})을 포함
하여 반응식을 다음과 같이 표현할 수 있다.

$$N_{2(g)} + 3H_{2(g)} \rightleftharpoons 2NH_{3(g)} + Q_{Kcal}$$

르샤틀리에 원칙에 따르면 이 반응계의 온도가 올라가면 반응식 오른쪽의 열
(Q_{Kcal})이 과다해지므로 그 열을 감소시키는 방향 즉, 역반응이 우세해지면서 암모
니아 생산 수율이 감소한다. 따라서 반응계의 온도를 낮추어야 암모니아 생산성이
증가하는데, 낮은 온도에서는 반응속도가 감소하여 암모니아 생성이 어려워진다.
이 문제를 해결하는데 촉매(catalyst)를 이용한 것이 질소 비료의 원료인 암모니아
를 대량 생산하기에 이르렀고, 이것이 농업 혁명을 이끈 하버공법의 성공요인이다.

(4) 화학 평형에 대한 촉매의 영향

촉매는 화학 반응계에서 반응물이나 생성물과 같이 반응식에 직접 참여하지는
않지만, 일반적으로 화학반응의 속도를 증가시키는(일부는 감소시키는 경우도 있
는) 물질이다. 화학반응은 에너지를 필요로 하는 반응 경로를 거쳐 일어나는데, 반
응 진행에 필요한 그 에너지를 활성화 에너지(activation energy, E_a)라고 한다. 촉
매를 이용하여 그 활성화 에너지를 낮출 수 있는데(혹은 촉매를 활용해 낮은 에너
지의 반응 경로를 거칠 수 있는데), 촉매는 반응 속도를 바꾸지만 평형상태에는 영
향을 끼치지 않는 물질이다. 촉매는 정반응과 역반응의 활성화 에너지에 정확히
같은 크기의 변화(정촉매의 경우 활성화 에너지 감소)를 가져온다.

다음은 촉매 유무에 따른 활성화 에너지의 차이를 그림으로 나타낸 것이다.

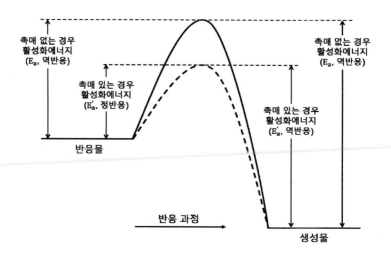

〈그림〉 활성화 에너지와 촉매 영향

(5) 화학 평형과 자유에너지

화학반응에서 반응물과 생성물의 농도의 비를 나타내는 값인 평형상수(K_c)는 다음 식에서와 같이 화학반응의 자발성을 내포한 열역학 함수, 자유에너지 변화($\triangle G$)와 관련 있다.

$$\triangle G^\circ = -RT \cdot \ln K_c$$

여기서 위첨자 $^\circ$는 표준 상태를 가르키고 $\triangle G^\circ$는 표준 상태에서의 자유에너지 변화량, R은 기체상수, T는 절대온도이다.

자유에너지는 깁스의 자유에너지(Gibb's free energy)라고도 하며, 이는 한 반응계(reaction system)가 자발적 반응(Spontaneous reaction)을 하면서 계의 주변에 나타낼 수 있는 최대 일 량과 같다.

$\triangle G$의 크기와 부호는 $\triangle H$(엔탈피 변화), $\triangle S$(엔트로피 변화) 크기와 연계되며 다음 식에 따라 그 값과 부호가 결정된다.

$$\triangle G^\circ = \triangle H^\circ - T\triangle S^\circ$$
$$= - RT \cdot \ln K_c$$

만약 반응계가 표준 상태에 놓여있고 $\triangle G^\circ < 0$이면, 평형상수는 $K_c > 1$이고 반응이 평형에 도달할 때 생성물 농도가 반응물 농도보다 크다. 반대로 $\triangle G^\circ > 0$이면 $K_c < 1$이 되고 평형에서 반응물 농도가 생성물 농도보다 크고, $\triangle G^\circ = 0$인 경우엔 $K_c = 1$이 되어 반응이 평형에 놓인 상태로 반응물과 생성물 농도가 동일하게 된다.

화학반응 동역학

화학반응 동역학은 반응속도(reaction rate)를 기술하고 반응 메커니즘(reaction mechanism)을 설명하는 화학의 한 분야이다. 화학반응 진행 속도는 반응계에 따라 다양하다. 폭발처럼 반응속도가 매우 빠른 경우도 있지만, 실험실과 산업 현장에서 이용하는 화학반응은 조절이 가능한 반응속도 범위에 있다.

화학 동역학에 쓰이는 중요한 정량 요소는 반응속도이다. 이는 한 화학반응에서 단위 시간당 일정 부피 속의 반응물질 중 어느 정도의 양이 생성 물질로 바뀌는지, 즉 일정 시간 간격에 따른 반응물질의 몰 농도 변화로 나타낸다. 즉, 반응물 농도 변화가 빠를수록 반응속도는 크고, 농도 변화가 느릴수록 반응속도는 작다.

다음은 반응물 A가 분해하여 B와 C를 생성하는 간단한 화학반응이다.

$$A \rightarrow B + C$$

이 반응에서 반응물 A의 농도가 감소하는 것과 동일한 반응속도로 생성물 B, C의 농도가 증가한다.

한 반응의 반응속도(r)는 시간(t)에 의존하는 각 물질의 농도(사용단위는 몰농도

이며, [A], [B], [C]로 표기) 함수로써 반응속도와 농도 사이의 비례를 나타내는 반응
속도 상수(k, rate constant)와 함께 위 반응식에 대해 다음과 같이 나타낼 수 있다.

$$r = k \cdot [A]$$

반응물 농도가 클수록 해당 부피 속 물질의 입자 수가 많고 그에 따라 단위 시간
당 더 많은 반응물질의 충돌이 일어남으로써(충돌이론: collision theory) 반응속
도가 증가한다.
　　정 반응 방향에 대한 반응속도는 다음과 같이 나타낼 수 있다.

$$r = -\frac{d[A]}{dt}$$

여기서 $-d[A]$는 반응이 진행되면서 나타나는 반응물의 A의 미세한 농도 감소
이고 dt는 A의 감소($d[A]$)가 일어나는데 반응이 경과한 시간이다. 한 반응계에서
각 물질 입자는 서로 다른 시간 간격으로 반응 결과에 이르는데, 이 반응속도는 반
응의 평균 속도에 해당한다.
　　화학반응에서 반응물의 농도 감소는 곧 생성물의 농도 증가에 해당하므로 위 반
응속도 식은 다음과 같이 확장해서 나타낼 수 있다.

$$r = -\frac{d[A]}{dt} = \frac{d[B]}{dt} = \frac{d[C]}{dt}$$

(1) 반응차수(Reaction Order)

반응차수(Reaction Order)는 반응속도가 반응물의 농도와 어떤 수학적 관계를
갖는지 보여 준다. 반응차수는 실험에 의해서만 확인할 수 있다. 반응차수는 반응

속도의 농도 의존성을 나타내는 반응속도 식에 따라 0차 반응, 1차 반응, 2차 반응 등으로 구별한다.

0차 반응(Zero-order reaction)의 반응속도 식은 다음과 같이 쓸 수 있다.

$$r = -\frac{d[A]}{dt} = k$$

0차 반응의 반응속도는 반응물의 농도와 무관하게 일정하다. 0차 반응의 한 예는 빛이 파동(wave)이 아닌 입자(particle)로써, 즉 빛의 광자(photon)에 의한 광화학 반응을 들 수 있다. 이때 반응속도(r)는 반응물의 농도와 무관하게 일정하지만, 반응속도 상수(k)는 빛의 세기(light intensity)에 의존한다.

일차 반응식(first-order reaction)은 다음과 같이 쓸 수 있다.

$$r = -\frac{d[A]}{dt} = -k \cdot [A]$$

일차 반응의 반응속도는 반응물의 농도에 1차로 비례한다. 이 식을 적분하면 다음과 같다.

$$[A]_t = [A_0] \cdot e^{-k \cdot t}$$

여기서 $[A]_0$는 반응물 A의 초기 농도이고, $[A]_t$는 시간 t인 시점에서의 반응물의 농도이다. 대표적인 1차 반응의 한 예로 방사성물질 분해 반응을 들 수 있다.

이차 반응(second-order reaction)의 속도 식은 두 가지 서로 다른 경우를 생각할 수 있다.

먼저 서로 다른 두 반응물(reactant)이 화학 반응하여 하나의 생성물(product)을 형성하는 경우와 둘 이상의 다른 물질로 변환되는 경우로 그 화학식은 다음과 같이 나타낼 수 있다.

$$A + B \rightarrow C$$

또는

$$A + B \rightarrow C + D$$

반응속도는 출발 물질의 농도에 따라 달라지는데, 반응 진행에 따른 두 반응물(A와 B)의 농도 감소는 동일하므로 다음과 같이 쓸 수 있다.

$$t = -\frac{d[A]}{dt} = -\frac{d[B]}{dt} = k \cdot [A] \cdot [B]$$

혹은 반응물이 한 화합물(A)인 경우에도 다음과 같은 두 종류의 화학반응을 생각할 수 있다.

$$A \rightarrow B$$

또는

$$A \rightarrow B + C$$

이 반응들이 이차반응으로 진행될 때 그 속도식은 다음과 같이 쓸 수 있다.

$$r = -\frac{d[A]}{dt} = k \cdot [A]^2$$

위 식에서 속도식을 적분하면 다음과 같은 식을 얻는다.

$$[A]_t = \frac{1}{k \cdot t + \dfrac{1}{[A_0]}}$$

이와 같은 이차 반응의 예로는 액상이나 고상 매질 속에서 일어나는 많은 생화학 반응을 들 수 있다.

반응 역학에서 반응차수에 따라 정리한 반응속도는 반응 진행에 따라 변하는 순간속도이다. 이 반응속도 식에서 유도할 수 있는 중요한 값으로 반응의 반감기(half-life, $t_{1/2}$로 표기)를 들 수 있는데 이는 어느 시점의 반응물의 농도가 그 값의 반으로 감소하는 때까지 걸리는 시간이다. 반응 동역학에서 반응차수와 반응속도 그리고 반응속도 식에서 유도한 반감기는 다음과 같다.

〈표〉 반응차수에 따른 반응속도와 반감기 유도

반응차수	반응속도(r)	반감기($t_{1/2}$)
0차 반응	$r = -\dfrac{d[A]}{dt} = k$	$t_{1/2} = \dfrac{1}{2k} \cdot [A]_0$
1차 반응	$r = -\dfrac{d[A]}{dt} = k \cdot [A]$	$t_{1/2} = \dfrac{\ln 2}{k_1} = \dfrac{0.693}{k}$
2차 반응	$r = -\dfrac{d[A]}{dt} = k \cdot [A]^2$	$t_{1/2} = \dfrac{k_1}{k \cdot [A]_0}$

　화학의 반응 동역학 연구로 반응 과정이해에 필요한 다양한 정보를 얻을 수 있는데, 반응의 차수, 반응속도상수, 반응의 온도 의존성과 활성화 에너지 및 아레니우스 식의 빈도 인자 산정과 반응 메커니즘 해석 등을 수행할 수 있다.

(2) 1차 반응의 속도식 계산

　분자 수준의 화학반응에서 반응물 A가 1차 반응을 하는 경우, 반응시간 t에서의 순간 반응속도(r)를 미분식 으로 표기하면 다음과 같다.

$$r = -\frac{d[A]}{dt} = k \cdot [A]$$

　실험을 통해 얻은 값들로부터 속도 상수(k)를 구하기 위하여 이 식을 다음과 같이 정리하고,

$$\frac{d[A]}{[A]} = -k \cdot dt$$

　양쪽을 농도와 시간 항을 각각 처음 상태와 나중 상태에 관하여 적분하면,

$$\int_{[A]_0}^{[A]} \frac{d[A]}{[A]} = -\int_{t_0}^{t} k \cdot dt$$

$$\int_{[A]_0}^{[A]} \frac{1}{[A]} d[A] = -\int_{t_0}^{t} k \cdot dt$$

적분에서 $\int \dfrac{1}{x} = \ln x$이므로

$$\ln[A] - \ln[A]_0 = -k \cdot t$$

$$\ln[A] = \ln[A]_0 - k \cdot t$$

일차 반응속도 식에 따른 이 식은 실험을 통하여 시간(t)을 x축에, 각 시간에 해당하는 농도 $\ln[A]$를 y축에 그래프로 나타내면 그 그래프의 기울기가 반응속도 상수(k)에 해당하는 직선이 된다. 그리고 자연대수에서 $e^{\ln x} = x$이므로

$$e^{\ln[A]} = e^{\ln[A_0] - k \cdot t}$$

따라서

$$[A] = [A]_0 \cdot e^{-k \cdot t}$$

한편 한 반응시점의 물질농도가 반으로 감소하는데 까지 걸리는 시간인 반응 반감기($t_{(1/2)}$)는 $[A]$가 $1/2[A_0]$이 되는 때까지의 시간이므로,

$$\dfrac{[A]_0}{2} = [A]_0 \cdot e^{-k \cdot t}$$

양쪽의 $[A]_0$를 제거하면,

$$\frac{1}{2} = e^{-k \cdot t_{1/2}}$$

양쪽에 자연로그(ln)를 취하면

$$\ln\frac{1}{2} = -k \cdot t_{1/2}$$

따라서, 1차 반응의 반감기($t_{1/2}$)는 다음과 같다.

$$t_{1/2} = -\frac{1}{k} \cdot \ln\frac{1}{2} = \frac{\ln 2}{k} = \frac{0.693}{k}$$

여기서 k는 반응속도 상수로 단위는 sec^{-1} 이므로 반감기(half-life) $t_{1/2}$ 단위는 sec가 된다.

열역학

열역학(Thermodynamics)은 하나의 계(system) 혹은 여러 계 내에서 일어나는 에너지(energy)의 전환(conversion)과 변화(change)에 대한 학문이다.

계는 하나의 단위로써 경계(boundary)를 갖고 있는 일정한 범위를 가리킨다. 계는 경계를 통해 외부 세계인 주위(surrounding)와 물질(matter)과 에너지(energy)를 교환할 수 있는지의 여부에 따라 다음과 같이 세 가지로 구분된다.

- 계와 주위가 물질과 에너지를 모두 교환할 수 있는 열린계(open system)
- 계와 주위가 물질은 교환할 수 없으나 에너지는 교환할 수 있는 닫힌계 (closed system)
- 계와 주위가 물질뿐 아니라 에너지도 교환할 수 없는 고립계(isolated system) 와 같이 구별할 수 있다. 열역학 법칙은 항상 계에 관해 언급하므로 이 계의 개념을 잘 이해해야 한다.

열역학 법칙은 모두 네 가지로, 열역학 제 1 법칙, 제 2 법칙, 제 3 법칙, 그리고 열역학 0 법칙 이며 이는 열화학의 기본 원리이다. 이 네 법칙은 서로 연관되면서 상호 보완적으로 작은 세포부터 커다란 기계, 나아가 우주의 구성까지 우리가 경험하는 세계의 많은 현상들을 설명하는 유용한 도구가 된다.

기본적으로 열역학은 에너지에 관한 것으로, 에너지가 다양한 계에서 어떻게 가동하는지, 계의 내부에 어떤 상태가 성립될 수 있는지 등에 관해 구체적으로 설명하려는 학문이다.

(1) 열역학 제 0 법칙

제 0 법칙은 '열을 서로 교환하는 두 계는 열역학적 평형상태에 도달하려고 한다'는 것이다. 그리고 '둘 중 하나의 계가 제 삼의 또 다른 계와 연계되어 있다면 세 개의 계 모두가 서로 평형에 이른다'는 것이다. 한 예로 핸드드립 커피 제조를 위해 물이 든 전기 주전자(열린계)를 가열한 후 수온을 확인하기 위해 물속에 온도계(닫힌계)를 넣으면 두 계는 열을 교환하여 온도계가 수온과 열적 평형에 이르러 수온을 측정할 수 있다. 만약 계 A가 계 B와 열적 평형상태에 놓여있고, 계 B가 계 C와 열적 평형상태에 놓여있다면, A와 C도 열적 평형상태에 놓여있는 것이다. 이와 같은 현상은 일상생활에서 다양하게 볼 수 있으며, 또한 이로부터 열은 항상 따뜻한 계(상대적으로 온도가 높은 계)에서 차가운 계(상대적으로 온도가 낮은 계)로 흐르는 것을 경험할 수 있다.

(2) 열역학 제 1 법칙

열역학 법칙 중 가장 잘 알려지고 일상에서 늘 마주하는 열역학 제 1 법칙(First Law of Thermodynamics)은 에너지 보존 법칙(Law of conservation of Energy)이다. 즉, '계의 에너지 총량은 일정하다.' 혹은 '에너지는 창조되거나 소멸되지 않고, 에너지 형태가 변하거나 전달된다.'라고 표현할 수 있다.

제 1 법칙의 한 예로 실내 전등을 켜는 경우를 보자. 전등을 밝히기 위해 스위치를 켜면 전선을 통해 전류(전기에너지)가 흐르고 전등은 전기에너지를 빛 에너지로 전환시켜 실내를 밝힌다. 이때 시간이 지나면서 전등이 따뜻해지는 것을 느낄 수 있다. 이는 전등에 도달한 전기에너지의 일부가 열에너지로 전환되고, 그 열은 전등 주변 공기로 전달된다.

이 예에서처럼 에너지 전환이 일어나는 많은 과정에서 에너지의 일부가 열로 전환(혹은 열 손실이라고도 한다)되는데, 이 관계를 수식으로 나타낼 수 있다.

열역학 식을 쓰기 위해 한 계의 내부 에너지가 변하는 것을 고려하면 여기서 내부에너지는 한 계의 총에너지로 계의 위치에너지와 운동에너지의 합이고, 열에너지의 열은 계안에 있는 입자의 운동의 크기를 나타내는 척도이므로, 열은 운동에너지의 한 형태이다. 계의 내부에너지 변화량(dU)은 계가 행한 일(dW)과 계가 내보낸 혹은 받아들일 열(dQ)의 변화량을 포함하는 다음 식으로 나타낼 수 있다.

$$dU = dW + dQ$$

(dU : 내부에너지, dW : 수행한 일, dQ : 열전달)

(3) 열역학 제 2 법칙

열역학 제 2 법칙(Second Law of Thermodynamics)은 자연계의 여러 과정들이 어떻게 진행될 수 있는지를 규정한다. 이는 에너지가 한 계에서 다른 계로 전달될 수 있다는 제 1 법칙을 제한하면서, 에너지 전달은 특정한 한 방향으로만 실행됨을 설명한다. 열역학 제 2 법칙은 다음과 같은 두 가지 사실을 포함하고 있다.

첫째, 열에너지를 다른 형태의 에너지로 임의의 크기만큼 이동시킬 수 없다. 이는 에너지 전환율이 100 %가 될 수는 없음을 뜻한다. 대부분 에너지의 일부는 열의 형태로 계의 주위에 전달된다. 전기에너지를 이용해 전등을 켜는 경우 열이 발생하는데, 에너지가 사라지는 것은 아니지만(열역학 제 1 법칙) 그 열을 이용할 수는 없다.

두 번째, 자연계에서의 에너지 전이는 항상 한 방향으로만 진행된다. 예를 들어 일상의 경험에서 열 흐름은 항상 한 방향 즉, 따듯한 물체에서 차가운 물체 쪽으로

만 움직임을 알고 있다. 왜일까? 이 현상은 엔트로피(entropy) 개념으로 설명할 수 있다.

엔트로피는 한 계의 미세 상태의 수를 의미하는 것으로, 엔트로피가 증가할수록 입자가 더 다양한 상태로 계 내에 분포한다. 일반적으로 모든 에너지 전이는 우주(universe, 계와 주위를 포함하는 전체 범위)의 엔트로피를 증가시킨다. 즉 에너지는 우주의 엔트로피를 증가시키는 방향으로 흐른다고 하고, 엔트로피는 무질서도(degree of disorder)라는 용어와 같은 개념으로 쓰이기도 한다.

우리가 자연에서 경험하고 관찰하는 모든 과정이 자연스러운 것은 열역학 제 2 법칙을 따르기 때문이라고 설명할 수 있다. 즉 열역학 제 2 법칙 개념은 자연에서 가능한 과정(possible process)을 구별하는 데에도 적용된다. '계의 엔트로피는 항상 증가한다.'라는 것은 이미 비가역적(irreversible)임을 뜻하고, 자연에서 변화(화학반응)는 특정한 어느 한 방향으로만 진행하고 반대 방향으로는 일어나지 않음을 의미한다.

계의 엔트로피가 증가하지 않고 일정하게 유지되는 과정이 있다면, 이는 이론적으로 가역과정(reverible process)이고 스스로 양방향(화학의 정반응과 역반응)으로 자연적인 변화가 진행할 수 있음을 뜻하나 우리가 경험하는 자연에서 그런 일은 일어나지 않는다. 실제로 한 계에서 일어나는 모든 자연적인 과정에서는 엔트로피가 증가하고 이는 비가역적 과정이다.

(4) 열역학 제 3 법칙

열역학 제 3 법칙(Third Law of Thermodynamics)은 계의 온도가 절대온도 영도(zero Kelvin, -273.15 ℃)에 도달할 때 보이는 물질의 거동을 기술하는 것으로 열역학 제 2 법칙을 기반으로 한다.

절대온도 영도는 이론적으로 도달할 수 있는 가장 낮은 온도 값이며, 열역학 제 3 법칙에 따르면 계는 절대온도 영도까지 냉각될 수 없다.

온도는 물질 입자의 운동을 측정하는 수단이고, 고체 내에서도 입자 위치는 일정한 곳에 고정되어 있지만, 정지 위치에서도 지속적으로 진동하고 있으므로 운동 에너지에 따른 온도를 갖는다. 그러나 절대온도 영도에서는 정지 위치에서의 진동까지도 완전히 멈춤 상태가 되는데, 이 상태는 완전하고 무한히 확장된 고체 결정 모델에서만 가능한 이상적 상태이다.

예를 들어 얼음 결정체를 절대온도 영도까지 냉각할 수 없는 것은 얼음 결정체 구조가 완전히(perfect) 규칙적이지 않고, 고체 결정질로 전환되기 전의 액체 상태 원자 배열을 그대로 유지하고 있다. 물질 구조의 불완전함에 따른 무질서도는 물질 내부 여러 지점의 엔트로피 크기가 서로 다르다는 것을 의미한다. 내부 엔트로피가 지점에 따라 다르면, 예를 들어 두 지점의 엔트로피가 모두 영(zero)이 될 수는 없다. 이처럼 물질 내부는 다양한 엔트로피 값을 갖는 점들로 이루어져 있으므로 물질 전체의 엔트로피가 영이 될 수 없고, 실제 상황에서는 절대온도 영도에 도달할 수 없다.

5장

수질권

수질권(또는 수권)은 질량으로는 지구의 약 0.03 %에 불과하지만 면적으로는 지구의 약 71 %가 물로 덮여있다. 물이 분포된 영역은 표에서 보듯이 매우 특별하다. 지구 물의 약 97 %는 바다에 있다. 그리고 다음으로 양이 많고 중요성이 더해지는 담수 저장고는 극지방의 빙산과 빙하이다. 한편 주로 사람이 마시고 사용할 수 있는, 인간에게 가장 중요한 물 저장고는 지표수와 지하수이며, 현재 연간 물 소비량은 $3000\ km^3$ 이상이다. 우리가 이용하는 자연적인 수자원에 관해 두 가지 사실을 얘기해 볼 수 있다. 먼저 좋은 질의 물(염분이 적은 물)이 많이 저장된 곳은 인구 형성 지역에서 떨어져 있고, 직접 이용할 수 있는 전체 물의 1 % 미만이 수자원으로 공급되어 사용될 수 있다. 하지만 다행히도 이 적은 양의 이용 가능한 물은 물 순환을 통해 지속적으로 새롭게 공급되는데 이는 지표면의 열 균형과 연계되어 있다.

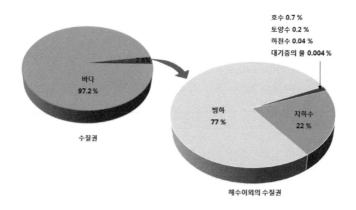

〈그림〉 지구의 물 분포 비율

〈표〉 지구의 물 저장량 분포

저장영역	저장량 ($\times 10^{15} m^3$)	평균체류기간 (년)
바다	1,340	–
수표층	57	80
심해층	1,283	1,600
극지방/빙산, 빙하	28	5000
지하수	8	600
호소와 강	0.2	7
대기권	0.0015	0.0036
합계	1,376	–

지구의 물 순환은 태양에너지로 작동되는 거대한 증류수 제조 장치로 생각해 볼 수도 있는데 그 증류기의 연간 생산 능력은 약 42만 3천 km^3에 달하며, 이만큼의 물을 증류하는데 필요한 에너지 양은 연간 약 10^{21} KJ/a에 해당한다. 물순환〈그림〉에서 보듯이, 대기를 통하여 바다에서 육지로 이동하는 물질 수증기의 양은 년간 3만 7천 km^3인데, 같은 양의 물질(수증기가 아닌 물)이 육지의 강을 통해 바다로 이동함으로써 상쇄 순환을 이루고 있다. 바닷속에서는 생물 활동의 중심이 되는 바닷물의 약 1/20정도가 심해층과 해수면 사이에서 물 순환을 강하게 일으킨다. 즉, 바다로 유입되는 담수의 조성이 달라지면 유역 해수면의 조성이 그에 따라 변하지만 이어서 심해층과 섞이면서, 면적이 넓고 부피가 큰 바닷물의 조성은 상당히 균일하게 유지된다.

자연수에 함유된 물질의 종류와 농도는 화학반응에 의해 결정된다. 최초 바닷물은 지구 화학적인 시간과 공간 속에서 지각의 온도 강하와 기체 방출에 따라 생겨났으며 염기성 암염에 화산기체가 작용한 것이 주된 반응이다. 담수(강, 호수, 지하수 등)의 화학적 조성 역시 산-염기 반응(비 등 강우가 포함된), 용해 및 산화 환원 등의 화학 반응에 따라 결정된다. 이 외에도 담수 조성에는 농도는 작아도 지역에 따라 편차가 크게 나타나는 다양한 용존 물질과 부유성 물질이 작용하는 데 여기엔 생물학적 기원을 갖는 물질들도 관여한다. 토양수의 경우는 대개 유기물 함량이 적은데 이는 물이 토양이나 암석을 지나며 여과된데 따른 결과이다. 담수의 염 함량은 다음 단락에서 보는 것처럼, 농도 편차가 크다.

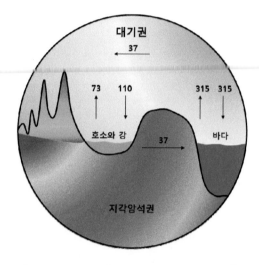

[그림] 지구의 물순환(물질이동량 단위: $\times 10^3$ ㎦/a)

Reading Environment

지구 물의 고향은 어디인가?

Origin of water on Earth

The **origin of water on Earth**, or the reason that there is clearly more liquid water on the Earth than on the other rocky planets of the Solar System, is not completely understood. There exist numerous more or less mutually compatible hypotheses as to how water may have accu- mulated on the earth's surface over the past 4.6 billion years in sufficient quantity to form oceans.

늘 보고 있거나 경험하고 때로는 누리고 있으면서도 알지 못하거나 생각조차 못 하는 것들이 있다. 지구 어디에나 많은 양이 분포 되어있고, 생명의 기원이며, 우리 몸의 60 - 75 %(w/w)를 차지하는 물도 그렇다.

지구의 물은 호수, 강, 바다 그리고 만년설, 빙하 등의 지표면과 토양 수분이나 대수층에 걸친 지하뿐만 아니라 수증기 형태로 대기권까지 지구의 모든 권역에 분포되어 있다. 물 총량은 약 $3.33 \times 10^8 \, m^3$이며 이중 약 97 %는 해양수이고, 지표면의 약 75 %는 물로 덮여있다.

그렇다면 이 많은 지구의 물은 어디에서 왔을까? 수소 원자와 산소 원자로 구성된 비교적 단순한 이 화합물은 어디에서 생성되었을까? 지구 물의 고향은 어디일까?

지구의 생태계 그리고 더 가까이 늘 우리의 생명에 결정적인 지구 물의 기원에 관한 연구는 여전히 현재 진행형이다. 연구는 주로 두 가지 가능성에 대한 것이다.

하나는 지구가 형성되는 과정에서 위성인 달이 떨어져 나가고 지구 부피가 현재의 99 % 정도일 때 물이나 얼음이 풍부한 행성과 거대한 충돌을 일으키면서 행성의 물이 지구로 옮겨왔다는 것이다.

다른 한 가지 주장은 지구가 형성될 때 이미 조성 물질로 지구에 포함되어 있었다는 것이다.

지구의 생명체 탄생에 갖는 물의 중요성으로 인해 지구 물의 기원(탄생)에 대한 의문은 큰 의미를 가질 수밖에 없다. 이 중요한 질문에 관한 연구를 촉진하기도 하고 어렵게 하는 점은 지구의 활동적인 활성으로 지구 생성초기의 흔적을 거의 모두 잃어버렸다는 것이다.

다음은 지구 물의 기원에 대한 자료를 찾아볼 수 있는 웹 주소들이다. 첫 번째는 미국 하버드 대학(Harvard University)에서 소개한 자료로 지구 물의 기원에 대한 간략한 소개로 학습 동기를 부여할 수 있을 것으로 생각된다.

(1) https://courses.seas.harvard.edu/climate/eli/Courses/EPS281r/
Sources/Origin-of-oceans/1-Wikipedia-Origin-of-water-on-Earth.
pdf
"Origin of Water on Earth"

지구 물의 기원에 대하여 좀 더 학문적으로 알고 싶으면 세계적으로 권위 있는 과학지 'Science'에 발표된 아래의 최근 연구 자료가 탐구의 출발점이 될 수 있다. Science 지의 자료는 초록 정도 외에는 유료이지만, 많은 도서관들이 전자뿐 아니라 종이 잡지도 구독하고 있으니 도서관을 찾으면 된다.

(2) Science, Volume 369, Page 1110-1113, (2020)
"Earth's Water may have been inherited from material similar to enstatite chondrite meteorites"

지구 물 기원이 전문가에게서만 관심 있는 주제가 아니다. 아래 주소는 위 'Science' 지의 연구 결과가 발표될 때 국내 한 언론이 제공한 소식 중 하나이다.

(3) https://www.yna.co.kr/view/AKR20200828137200009
"지구 물은 원래부터 갖고 있던 것"…혜성・소행성 전달설 뒤집어

5.1.1 수질권과 지각권 및 대기권의 상호 작용

(1) 권역 물질 간의 평형

수질권은 열린계(open system)로써, 지각권 및 대기권과 물질교환 뿐 아니라 에너지 교환을 한다. 따라서 비나 눈 등의 산성 성분은 염기성의 탄산염을 함유한 암반과 반응하여 용존성 탄산수소염(경도 물질)을 생성한다; 즉,

$$CaCO_{3(s)} + CO_{2(g)} + H_2O_{(l)} \rightleftarrows CO_{3(aq)}^{2-} + 2HCO_{3(aq)}^{-}$$

Ca^+ 및 HCO_3^- 이온 등을 함유하고 대기 중의 이산화탄소와 평형에 놓인 담수 저장소는 계속되는 물의 증발이나 증산(CO_2의 휘발)으로 더욱 염기성이 증가한다. $CaCO_3(K_{sp} = 10^{-8},\ 25\ ℃)$의 용해도가 포화상태에 이르면 침전이 일어나고 계는 산-염기 완충제로 작용한다. 금속 이온의 종류에 따라 침전물의 상태는 달라지는데 예를 들어 Ca^+와 달리 Na^+ 이온 등 알카리금속이온 들은 용존 상태에 머무르면서 Na_2CO_3용액 등을 생성한다.

여러 가지 자연수의 조성과 거동은 pH값과 완충 능력, 산소 함량과 산화 환원 전위 그리고 생물학적 과정에 따른 유기물질의 생성과 분해 등에 의해 결정된다. 바닷물의 pH값 범위는 7.5~8.3 정도인데, 이는 어느 정도 양성자 발생원인 대기 중의 이산화탄소의 용존 또는 고체 상의 탄산염인 $CaCO_3$, $MgCO_3$ 성분의 암반과의 반응을 통해 결정된다. 그 모델 시스템으로서의 $H_2O - CO_2 - CaO$은 주어진 온도, 기체 중 일정한 CO_2 분압 그리고 기체, 액체, 고체상이 공존 하는 상태의 Gibbs의 상규칙(Gibb's phase rule)에 따라 기술 할 수 있다.

용해도 곱 상수 식과 전하균형식 으로부터

$$K_{sp} = m_{Ca^{2+}} \cdot m_{CO_3^{2-}} \cdot r_{Ca^{2+}} \cdot r_{CO_3^{2-}}$$

$$\sum_i Z_i m_i = 0 = m_{H^+} + 2m_{Ca^{2+}} - m_{OH^-} - m_{HCO_3^-} - 2m_{CO_3^{2-}}$$

여기에 25 °C에서의 CO_2의 해리평형상수와 분압 $P_{co_2} = 10^{-4.45}$MPa를 적용하여 각 화학종의 농도와 pH를 구하면 다음과 같다.

$$m_{CO_2^*} = 1.21 \times 10^{-5} \ mol/kg$$

$$m_{HCO_3^-} = 1.29 \times 10^{-3} \ mol/kg$$

$$m_{CO_3^-} = 1.52 \times 10^{-5} \ mol/kg$$

$$m_{Ca^{2+}} = 6.59 \times 10^{-4} \ mol/kg$$

$$pH = 8.40$$

HCO_3^- 이온의 분율이 높은 것은(α_1=0.98) 용액의 pH (8.4)에서 물속 CO_2 수용액(H_2CO_3)의 첫 번째 중화 단계 당량점에서 생성되는 물질이기 때문이다.

(2) 유기 물질의 생성

수질권의 산소 균형은 기체상에서 전달되는 산소와 생물계의 광합성(photosynthesis) 그리고 호흡(respiration)작용을 통해 조절된다. 광합성은 에너지 저장 과정인데, 이산화탄소와 물에 식물 색소인 엽록소(chlorophyll)와의 작용으로 빛 에너지가 가해지면 생물계의 근본 유기 물질인 포도당과 산소가 생성되는 반응이다. 그 역반응은 호기성 호흡으로 에너지가 큰 물질 교환 중간체 ATP(adenosine tri-phosphoric acid)생성에 이르게 되는데 이 ATP는 생명의 연료라고도 부른다. 이 두과정은 다음 반응식으로 나타낼 수 있다.

$$6CO_2 + 6H_2O \underset{\text{호흡}}{\overset{\text{광합성}}{\rightleftharpoons}} C_6H_{12}O_6 + 6O_2$$

이 광합성-호흡 과정은 생물계의 가장 중요한 반응인데, 생물의 중요 구성 원소인 질소와 인이 포함된 식으로 좀 더 상세히 기술한다면, 조류 원형질체(algae protoplazma)의 원소 조성을 고려하여 다음과 같이 쓸 수 있다.

$$106CO_2 + 16NO_3^- + HPO_4^{2-} + 18H^+ + 122H_2O$$

$$\underset{\text{엽록소}}{\overset{h\nu,}{\Big\Updownarrow}} \overset{\text{호흡사슬}}{\underset{\text{ADP}}{}}$$

$$C_{106}H_{263}O_{110}N_{16}P + 138O_2$$

이러한 전환은 양의 차이는 있지만 모든 수질계에서 일어날 수 있다.

(3) 수질계 반응의 다양성

물의 산화환원 거동은 보통 용존 되어 있는 산소분자의 농도에 의해 결정된다. 산소 부족이 심한 수질계에서는 큰 생물학적 생산성과 환원 상태의 함유물질이나 물질이동의 방해 등으로 인해 Mn, Mo, Fe 화합물의 환원이 일어나는 조건이 생겨난다. 이는 해당염의 용해도가 증가되는 현상을 일으켜 퇴적물속에 결합 형태로 존재하던 금속(또한 인산염)이 용출되어 수질권에서 이동성을 갖게 한다.

수질계와 지각 암석권의 상호작용에 관해서는 경계면에서의 흡착 평형이 중요한 의미를 가지며 이는 점토광물이나 산소염 또는 규산염 입자 혹은 부유성 생물 입자들 사이에서 일어난다. 표면에 -OH기를 갖는 토양이나 암석 표면의 활성중심에서는 수용액 상에 존재하는 양성자 활동도에 따라 양성자화 혹은 탈 양성자화 반응이 일어날 수 있으며, 금속 양이온이나 음이온도 표면과의 반응을 통하여 특정한 결합을 형성할 수 있다.

5.1.2   해수와 담수의 조성

바닷물은 지질학적인 관점에서 단기적 영향을 크게 받지 않기 때문에 염의 조성이 거의 일정하다고 볼 수 있다. 자연 중에 존재하는 모든 원소들은 바다 속에도 들어있으며, 바닷물 평균 염도는 3.5 %이다. 아래 표에 바닷속 원소들의 평균 농도와 주요한 존재 형태(화학종)를 표기하고 중요한 몇몇 이온들의 평균 체류기간을 표시했다. 농도를 보면 Na^+ 이온과 Cl^- 이온이 가장 많으며, 이어서 Mg^{2+}, Ca^{2+}, K^+, 그리고 $SO_4{}^{2-}$ 이온이 바닷물의 주요 성분 임을 알 수 있다.

호소나 강의 용존 물질 중 많은 양이 하천을 통해 바닷물 조성을 이루지만 조성 원소의 비를 보면 해수를 단순히 농축된 하천수로 여길 수는 없다. 그 차이는 무엇보다 Na^+/K^+ 비를 보면 알 수 있는데, 담수의 Na^+/K^+ 값은 3-10인데 비하여 해수는 45.9이고, 이는 해수 중의 K^+ 는 암반에 선택적으로 결합되는데 따른 결과이다.

해수의 어는점은 -2.12 °C 정도인데, 이는 바닷물과 동일한 온도와 농도(ρ=0.907)의 NaCl 용액에 대한 삼투계수를 가정할 때의 값이다.

해수의 삼투압, π는 물의 부분 몰 부피 과 활동도 일 때 다음 식

$$\pi = -\frac{RT}{V_1}\ln\alpha \approx RT\sum V_i C_i$$

이에 따르면 삼투압 π = 2.95 MPa(25 °C)이다. 이로부터 해수 담수화(해수를 삼투압 π=0인 순수한 상태로 전환)를 위한 이론적인 에너지 양을 계산하면 25 °C에서 2.8 KJ/kg이다. 오늘날 해수에서 염분을 제거하여 담수를 얻는 방법은 에너지 소비를 최적화하는 다단계 증류법 뿐 아니라 역삼투압 방법의 실용화를 통해 대규모 담수화를 상용화하고 있다.

〈표〉 바닷물의 조성(주요성분)

원소	농도(g/m^3)	주된 화학종	체류기간(a)
Cl	18,980	Cl^-	1×10^8
Na	10,540	Na^+	7×10^7
S	2,460	SO_4^{2+}, $[MgSO_4]$, $NaSO_4^-$	-
Mg	1,270	Mg^{2+}, $[MgSO_4]$	1×10^7
Ca	400	Ca^{2+}, $[CaSO_4]$	1×10^7
K	380	K^+	7×10^6
Br	65	Br^-	1×10^8
C	28	HCO_3^-, CO_2, CO_3^{2-}	
B	20	$B(OH)_3$, $B(OH)_4^-$	1×10^7
Sr	8	Sr^{2+}	
Si	3	$Si(OH)_4$, $Si(OH)_3O^-$	2×10^4
F	1.3	F^-, MgF^+	5×10^5
N	0.6	NO_3^-, NO_2^-, NH_4^+, N_2	
Ar	0.6	Ar	
Li	0.17	Li^+	2×10^6
Rb	0.12	Rb^+	4×10^6
P	0.07	HPO_4^{2-}, $H_2PO_4^-$, $MgPO_4^-$	2×10^5
I	0.06	I^-, IO_3^-	4×10^5
Ba	0.03	Ba^{2+}	
Fe	0.01	$Fe(OH)_2^+$, $Fe(OH_4)^-$	2×10^2

〈표〉 담수 조성의 주요 이온과 평균 농도

이온	농도 범위(mol/L)
H^+	$10^{-6} - 10^{-8}$
Na^+	$10^{-3} - 10^{-4}$
K^+	$10^{-4} - 10^{-5}$
Mg^2	$10^{-3} - 10^{-5}$
Ca^{2+}	$10^{-2.8} - 10^{-4}$
HCO_3^-	$10^{-2.2} - 10^{-3.5}$
Cl^-	$10^{-3.5} - 10^{5.5}$
SO_4^{2-}	$10^{-3.5} - 10^{-4.6}$

5.2 물 속의 화학 물질

물속에 함유된 물질을 분류하는 것은 관점에 따라서 여러 가지로 나눌 수 있다.

첫째, 일반적으로 물질의 화학적 특성에 따라 크게 유기물질 및 무기 물질로 나눌 수 있다. 유기 물질은 탄소 결합을 갖고 있는 물질로 정의할 수 있으며, 무기 물질은 단순한 탄소 결합을 갖는 일산화탄소, 이산화탄소, 황화탄소 및 그 유도체(탄산염 등)와 탄소 이외 원소의 모든 화합물을 포함한다.

둘째, 물질이 물속에 존재하는 상태에 따라 현탁(suspended) 물질 콜로이드 (colloidal) 물질 및 용존(dissolved) 물질로 나눌 수 있다. 이는 들어있는 물질의 물속에서의 분산 정도에 따른 것으로 각 용액 시스템은 그 속에 들어있는 물질의 입자 크기에 따라 일반적으로 다음과 같이 나누며 각 분류 물질을 수계에서 분리 제거하는 대표 방법을 다음 표에 나타내었다.

〈표〉 용질의 분산상태에 따른 용액의 분류

수용액시스템 분류	입자 직경(d, 단위: nm)	제거 방법
현탁 용액 물질	$d > 1000$	간단한 여과
콜로이드 용액 물질	$1000 > d > 1$	응집
(진)용액 (분자성 분산) 물질	$d < 1$	이온교환, 침전법, 멤브레인 공정(역삼투 등)

또한, 물속에 함유된 물질들이 유래된 출처에 따라서 나눌 수도 있는데, 크게는 자연적인(natural) 물질과 인위적인(anthropogenic) 물질로 분류할 수 있다. 자연적인 물질은 물이 접촉하는 자연 환경 구성 성분과 상호작용하면서 생기거나(고체나 기체의 용해 등) 지표수 혹은 지하수 속에서 생물학적 과정에 따라 생기는 물질이다. 그에 반하여 인위적인 물질은 수질계에 영향을 끼치는 인간 활동의 영향에 따른 물질을 뜻한다. 그러나 다른 분류에서처럼 이 분류도 절대적이진 않은데, 예를 들어 어떤 물질의 경우 자연적인 출처 외에 인위적인 배출원에서 생겨나기도 한다.

물속에 함유된 물질들의 농도에 따라서 농도가 높은 주요 물질과 미량 물질로 분류할 수도 있다. 자연수의 경우 주요 함유 물질은 소듐, 포타슘, 칼슘, 마그네슘 같은 원소의 양이온(Na^+, K^+, Ca^{2+}, Mg^{2+})과 음이온으로 염소이온, 탄산수소이온, 황산이온, 질산이온(Cl^-, HCO_3^-, SO_4^{2-}, NO_3^-)을 들 수 있으며 산소, 질소, 이산화탄소(O_2, N_2, CO_2) 등의 기체를 들 수 있다. 이 물질들의 농도는 일반적으로 10 ppm 이상이다.

그 보다 낮은 농도 물질로 철, 망간 등의 금속 양이온(Fe^{2+}, Mn^{2+})과 플루오린, 아질산 및 인산 등의 음이온 그리고 황화수소, 메테인 및 암모니아(H_2S, CH_4, NH_3) 기체 등의 농도는 0.1-10 ppm 정도이다. 현탁 및 콜로이드성 물질도 이 정도의 농도 범위에 속하는데, 자연 유기물질(NOM : Natural Organic Matter) 및 유지 성분의 유기물질과 철 수산화물, 망간 산화물, 규산 등이 이에 속하는 물질들이다.

물속 농도가 0.1 ppm 이하로 낮은 물질은 미량 혹은 극미량 물질로 분류할 수도 있는데 많은 종류의 중금속과 인위적인 유기화합물이 여기에 속하고, 살충제 제초제 등의 농약과 다양한 유기 할로젠 화합물 그리고 여러 형태의 방향족 화합물들이 물속에 함유되어 있다.

여기서 언급한 분류 농도 기준은 임의적인 값이고 함유 물질의 농도는 물의 출처와 존재 장소에 따라 크게 달라지므로 농도에 따른 주요 물질, 미량 물질 등은 상대적인 분류이다.

5.2.1 소듐

나트륨이라고도 부르는 소듐(sodium: Na)은 담수와 바닷물 그리고 식수에서 폐수에 이르기까지 모든 종류의 물에 함유되어 있는 물질로 비교적 높은 농도로 존재한다. 소듐은 지각을 이루는 원소 중 여섯 번째로 높은(2.83 %) 비율을 차지하며, 자연 중에 소금 광산과 규산염 광물 속에 많이 함유되어 있는데 용해나 중화작용을 거쳐 대부분 이온으로 물속에 용존 되어 있다.

지표수에서 소듐 이온 농도는 10 mg/L 정도 범위이나 지역에 따라 이보다 높은 경우도 있다. 소듐 이온은 염소 이온과 마찬가지로 수질계 내에서나 일반적인 수처리 공정에서 변하지 않고 이동한다. 소듐 염은 용해도가 크고 점토나 다른 토양 성분에 결합하거나 흡착하는 경향이 적어 용출 후 용존 상태로 지표수, 지하수를 거쳐 바다까지 이동하며 그곳에 높은 농도로 농축된다. 바닷속 소듐 농도는 10,540 mg/L로 이는 바닷속에 두번째로 많이 존재하는 금속 양이온인 Mg^{2+} 농도보다 약 8 배 높은 값이다.

소듐을 함유하는 염은 다양한 산업에(예를 들면 소금에서 염소 기체를 생산하고, 식품의 방부제나 향료, 세제 생산 등) 사용되고 다시 수질계로 배출되기도 한다. 물속 소듐을 제거하는 방법으로는 물속에 함유된 대표적 소듐 화합물인 염화소듐을 제거하는 기술로 역삼투압, 전기 투석, 증류, 이온 교환법 등이 있다. 그 중에서 에너지사용과 비용을 고려할 때 역삼투압이 경제적인 기술 중 하나가 되었다. 수처리에서도 소듐이 사용되는데 경도가 큰 물을 연수화 할 때 칼슘이온이나 마그네슘 이온의 대체 이온으로 적용되기도 하고, 염기성 소듐염은 물을 중화하는데 이용되고 차아염소산염은 물의 소독에 사용되는 등 수처리 공정에 응용되고 있다.

5.2.2 포타슘

칼륨이라고도 부르는 포타슘(potassium: K)은 소듐과 유사한 화학적 특성을 갖는 물질로, 자연 중에서 포타슘을 함유한 다양한 토양 암석이 용해나 중화 작용 등을 거쳐 물속에 용존 되어 있다. 포타슘은 지각을 이루는 주요한 원소로 그 비율은 2.59 %에 이르나, 자연수 속에서의 농도는 쇼듐이온 보다는 현저히 낮다. 특별히 포타슘에 의한 수질오염이 있는 경우가 아니라면 자연수 속에서의 농도는 10 mg/L을 넘지 않는다.

담수 속에서 Na^+/K^+ 몰 비는 3내지 10정도이고 해수 속에서는 46이다. 화학적 성질이 유사한 이 두 원소의 수질 농도 차이는 포타슘이 토양 성분에 결합하는, 특히 점토 광물의 이온교환 작용에 강하게 관여하는 암반 조성에 선택적으로 기어히는데 따른다. 포타슘의주요 산업은 비료 생산이고 그에 따른 생물 순환계에서의 거동이 수질계에서 관찰된다.

5.2.3 알카리 토금속

주기율표 원소 중, 주족(II족) 원소인 알카리토금속(alkaline earth metals) 중에서 주요한 수질 함유 물질은 칼슘(Ca) 과 마그네슘(Mg)이다. 베릴륨(Be), 스트론듐(Sr), 바륨(Ba) 등 IIa족의 다른 원소들의 수질 농도는 Ca, Mg에 비해 현저히 낮아 미량 원소로 분류 할 수 있으며, 다만 해수에서의 농도를 보면 Sr의 농도가 80 mg/L 이고 Ba의 농도는 0.03 mg/L로 알칼리토금속 농도로는 비교적 높은 원소이다.

칼슘과 마그네슘은 물속에서 산화수 +2의 금속이온, Ca^{2+}, Mg^{2+}로 존재하고 이 두 이온의 총 농도는 물의 특성을 나타내는 지표중 하나인 '경도(hardness)'로 표기된다. 물의 경도는 탄산염 경도와 비탄산염 경도로 나타낼 수 있으며 탄산염 경도는 물속의 탄산이온(carbonate: $CO_3{}^{2-}$)과 탄산수소이온(중탄산이온, carbonate or bicarbonaate: $HCO_3{}^-$) 당량에 해당하는 알칼리도 금속 이온의 총량이다. 이로 인해 경도를 띄는 물을 가열하면 다음 반응에서처럼 난용성 염인 탄산칼슘이 침전 분리된다.

$$Ca^{2+} + 2HCO_3^- \rightleftharpoons CO_2 + H_2O + CaCO_{3(S)} \downarrow$$

따라서 탄산염 경도는 제거할 수 있는 일시적 경도인데 반하여, 알칼리도 금속 이온이 황산이온이나 염소이온 등 다른 음이온과 결합하여 생성하는 비탄산염 경도는 가열해도 사라지지 않는 '잔류경도'혹은 '영구경도'라고 부른다.

경도는 수질을 판단하는 중요한 기준의 하나로 비누 등 세제의 세정 능력에 영향을 끼치거나, 주전자 등 가정의 물 가열 기구 뿐 아니라 발전소의 냉각기관이나 수증기 발생 공정 등에서 물 때(scale) 생성으로 인한 열전달 손실이나 재료 손상 등의 원인이 될 수 있다.

(1) 칼슘(calcium: Ca)

칼슘은 지각 구성 원소 중 다섯 번째로 많은 물질로 그 구성 비율은 3.6 %이다. 자연수의 주요한 함유 물질로 그 출처는 석회석, 대리석, 화강암 등 칼슘을 포함한 암반들이며, 물속에서 용존 기체와 함께 탄산수소이온염으로 용해된다.

$$CaCO_3(s) + CO_2(g) \rightleftharpoons Ca^{2+}(aq) + 2HCO_3^-(aq)$$

칼슘화합물인 탄산칼슘, 황산칼슘, 산화칼슘, 수산화칼슘 등은 다양한 산업에서 원료물질 혹은 보조 물질로 사용되고 있다. 칼슘은 시멘트, 벽돌, 콘크리트 등 건축 자재에 많이 포함되어 있으며, 칼슘 인산염은 유리와 도자기산업에, 차염소산염은 표백제와 소독제에 쓰이며, 석회석을 비롯한 칼슘 포함 화학물질은 수처리 에서도 중화제, 또는 응집 침전제 등으로 이용되어 산업공정에서 나오는 배출수의 칼슘 농도는 상당한 양이 될 수 있다.

또한 이 칼슘은 주요 식품 물질로, 인체에는 약 1.2 kg정도로 많이 들어있다. 인산칼슘($Ca_3(PO_4)_2$)은 비타민 D 더불어 뼈와 치아 성장 건강에 중요한 물질이며, 그 외에도 칼슘은 근육 조직과 혈액속 에서도 중요한 기능을 한다. 따라서 성인에게 하루 약 1000 mg의 칼슘섭취를 권장하며, 이는 대체로 곡류와 채소를 먹는 것으로 충분할 수도 있다.

(2) 마그네슘(magnesium: Mg)

마그네슘은 칼슘과 유사한 화학 원소로 거의 함께 존재하지만 지각 구성 원소 중에서 차지하는 비율은 2.1 %로 칼슘보다 적다. 지구 화학적인 빈도가 낮음으로 인해 용해 및 중화에 따라 담수에 용존 되어있는 마그네슘 이온(Mg^{2+})의 농도는 칼슘 이온(Ca^{2+})의 1/4 - 1/5 정도이다. 그에 반해 해수에서의 농도는 마그네슘이 1,270 mg/L로 칼슘의 400 mg/L보다 높다. 이는 마그네슘이 여러 목적으로 다양한 산업에 응용되는데 따른 결과로 생각할 수 있다. 마그네슘은 플라스틱이나 화재에 약한 다른 물질에 첨가, 또는 충진제로 쓰이기도 하며, 비료나 사료 제조에 사용되고, 맥주 공장이나, 수처리장에서도 사용된다.

5.2.4 질산 이온과 아질산 이온

산소가 충분히 용존 되어있는 물속에는, 같은 주요 대기 성분인 질소 기체가 용존 되어 있고 그로부터 대표적인 무기 질소 화합물인 질산 이온(nitrate: NO_3^-)이 생성된다. 수계의 질소화합물 농도에 질소를 함유하는 암석도 기여하지만, 주로 유입되는 비료 물질이나 하수처리장 방류 등 인간 활동이나 여러 생물학적 과정에 따른 원인 물질이 기여한다. 암모늄 이온이나 요소 등 비료 성분은 물에 쉽게 씻기고 미생물 산화(질산화) 과정에서 아질산 이온(nitrite NO_2^-)을 거쳐 최종 산화물인 질산 이온(NO_3^-)이 된다.

아미노산, 단백질과 같은 유기 질소 화합물의 산화는 여러 순환을 거쳐 최종 생성물은 다시 유기 질소 화합물로 전환되는데, 이런 동화 작용에 따른 질산 이온 감소는 같은 영양 물질인 인산염과 더불어 호수나 강 등 수계에 영양화를 일으킬 수 있다. 산소가 부족한 환경에서는 혐기성 미생물의 영향으로 질소산화물이 유기 탄소 화합물의 산화 분해를 일으키는 산화제로 작용하면서 탈질 반응(Denitrification)이 일어나기도 하는데 탈질 반응의 최종 생성 물질은 무엇보다 질소(N_2)이지만 부산물로 아질산 이온(NO_2^-)이나, 일산화이질소(N_2O)가 생성되기도 한다.

질산 이온은 그 자체로 인체에 크게 유해하진 않으나 농도가 매우 높을 경우 위와 장에 장애를 일으킬 수도 있다. 하지만 인체 유해성 문제는 질산이온이 소화기관 내에서 아질산 이온으로 환원될 수 있으며, 아질산 이온은 산소를 운반하는 데 필요한 헤모글로빈(hemoglobin)을 메테모글로빈(methemoglobin)으로 산화시켜 체내 산소 운반 과정을 방해한다. 이는 특히 체내 산소 전달에 예민한 생후 6개월 정도까지의 영유아에게는 치명적인 건강상 위험을 일으킬 수 있다.

또다른 아질산 이온의 환경 위해성은 이차 아민이나 아마이드를 암 유발물질인 니트로 아민으로 반응시킬 수 있는 것인데, 반응 경로는 질산 이온(nitrate) → 아질산 이온(nitrite) → 헤모글로빈혈증(methemoglobinemia), 혹은 질산 이온(nitrate) → 아질산 이온(nitrite) → 니트로스아민(nitrosamine) → 암(cancer)으로 표시할 수 있다. 이와 같이 직접 영향은 아니지만 건강에 영향을 끼칠 수 있기 때문에 수질관리에서 음용수의 질산 이온과 아질산 이온은 허용 기준 농도를 통해 규제하고 있다.

5.2.5 황산이온

황산이온(sulfate: SO_4^{2-})은 수질계에 존재하는 음이온 중에서 염소 이온 다음으로 농도가 높은 음이온으로, 지표수에서의 농도는 100 mg/L 정도이다. 자연적으로는 석고($CaSO_4 \cdot 2H_2O$)의 용해와 황화염의 화학적, 혹은 생물학적 산화가 주된 발생원이다. 거기에 산업 폐수에 기인한 황산이온이 유입되어 수계의 총 황산이온을 이루는데, 수계 흐름의 종착지인 바다에서의 황산이온 농도는 2.46 g/L에 이른다.

또한 황(S)은 유기화합물의 주요 구성 원소로서, 유기 황 화합물의 호기성 분해는 무기 물질인 황화수소나 다른 황화염의 생화학적 산화와 함께 황산이온의 생성과 생물학적 동화 작용이 포함되는 순환과정을 이룬다. 한편, 대기 중에서 유입되는 황산이온도 고려할 수 있는데, 이는 무엇보다 화석연료 등 황 함유 물질의 연소로 생겨난 이산화황(SO_2)이 배출된 후 대기 중에서 황산으로 전환되어 비나 눈의 강하물로 수계에 유입되는 것이다. 일반적으로 강우 속의 황산이온 농도는 지표수에서 보다 높지 않지만, 산을 형성하여 pH를 낮춤으로써 산성비 문제를 일으키기도 한다. 암석의 중화로도 수계에 황산이온의 농도가 높아지는데, 이에 기여하는 대표적 광물인 황철석(pyrite: FeS_2)은 미생물에 의해 황산이온으로 산화된다.

5.2.6 할로젠 원소

할로겐(halogens)은 주기율표 VIIa족에 있는 원소들로, 전기 음성도가 커서 주로 산화수, -1가의 음이온으로 거동하는 플루오린(또는 불소) 이온(F^-), 염소 이온(Cl^-), 브로민(또는 브롬) 이온(Br^-), 아이오딘(또는 요오드) 이온(I^-) 중에서 염소 이온은 그 농도나 분포를 볼 때 가장 주요한 이온이다. F^-, Br^-, I^-는 상대적으로 담수 또는 해수에서의 농도는 낮지만 인체, 또는 환경에 끼치는 영향이 중요한 의미를 가진다.

(1) 플루오린 이온(또는 불소 이온: fluoride: F^-)

플루오린 이온은 토양 입자와 강하게 결합되어 있지만 물에 용해되어 수질계로 유입됨으로써 수생태계에 직접 영향을 끼치는 외에 각종 채소 등 식물을 통해서도 육상 동물에 영향을 끼칠 수 있다. 플루오린 이온은 충치를 방지하고 골격 형성을 위해 하루 1.2~2.5 mg정도 필요하나, 식품을 통해 섭취하는 양은 약 0.5 mg으로 예상되어 하루 물 섭취량을 2 L라 가정 할 때 물속 플루오린 이온 농도는 1 mg/L이다. 그러나 플루오르이온은 그 섭취량이 필요량을 조금만 넘어도 치아 또는 뼈 구성 물질에 유해하며, 그 유용성과 위해성 농도 차이가 매우 적어 일부 지역에서 유용함을 고려해 불소를 이용한 정수처리 공정을 도입한 것이 건강과 환경에 대한 우려를 낳는다는 논란이 지속되고 있다. 해수에서의 플루오린이온 농도는 1.3 mg/l로 대개 0.5 mg/l이하인 지표수에서 보다 높다.

(2) 염소 이온(Chloride: Cl^-)

염소이온 화합물은 일반적으로 용해도가 크기 때문에, 대부분의 물에 염소이온이 존재하고, 특히 해수에서의 농도는 18.98 g/l로, 모든 음이온 중에서도 가장 높다. 암염 등 염소이온을 함유한 암석지반 근처나 제설제로 염소 화합물을 사용하는 곳과 여러 폐수 배출 지역 수계에서의 농도도 높다.

염소 이온은 물속에서 화학반응으로 변화하지 않고 특별한 화학작용이 없어 토양 속에서도 잔존 없이 이동하고, 일반적인 정수 처리나 폐수 처리 공정에서도 제거되지 않는다. 염소 이온은 인체의 건강에도 특별한 영향을 끼치지 않는 것으로 여겨지는데, 다만 혈압상승을 일으키는 소듐 이온(Na^+)의 경우, 염소이온과 결합하는 경우에만 고혈압을 나타낸다는 연구가 있다.

(3) 브로민 이온(또는 브롬 이온, bromide: Br^-)

지표수의 브로민 이온은 광물 등 자연에서 유래된 것과 폐수 유입 등에 따른 결과이며, 그 농도는 미량이나 지역에 따라 편차가 있다. 브로민 이온이 함유된 물을 정수처리하는 경우, 오존 산화 공정을 이용하는 정수장에서 산화 부산물인 브로민

산 이온(BrO_3^-)이 생성되는데 이는 발암물질로 알려져 있다. 따라서 음용수를 얻기 위한 수처리 과정에서 오존을 이용하는 경우에는 특별한 기술 관리가 필요하다.

(4) 아이오딘 이온(또는 요오드 이온 iodide: I^-)

자연수 중 아이오딘은 비나 증발을 통해 수계에 유입되는 것과 아이오딘을 함유한 암석의 풍화나 심해의 화산활동 등에 따른 것이며, 환경 중 농도는 아이오딘을 산업용, 의료용 등으로 사용하는 인간 활동에 따라 증가하였다. 아이오딘은 도료, 사진, 배터리, 윤활유 등 여러 산업에서 사용되며, 방사성 아이오딘은 갑상선 암 치료 등 의학 용도로 사용되기도 한다.

한편, 1986년 러시아 Chernobyl 핵 발전소 사고와 해일 발생으로 인한 일본 후쿠시마 발전소 재난에 따른 방사성 아이오딘(I^{131}) 누출은 널리 알려진 환경오염 사례이기도 하다. I^{131}의 반감기는 8일인데, 방사성 아이오딘에 오염된 목초지에서 생산된 유제품을 인간이 섭취할 경우 인체 유해성이 염려되고, 수질계에 유입되면 장기간 다양한 반응을 거치면서 환경에 영향을 끼친다. 정수 과정에서는 활성탄을 이용하여 물속 아이오딘을 제거할 수 있다.

5.3.1 부영양화

부영양화(Eutrophication)는 호수나 강 혹은 바다 등의 수질계에 유입되는 가정하수, 농업 및 산업 폐수 등의 물에 질소(N)나 인(P)등의 영양 염류가 많이 함유되어 유입 유역의 수 생태계에 조류가 과도하게 증식하거나 식물의 급속한 성장 등 비정상적인 환경 변화가 나타나는 현상이다. 수질계의 영양 과잉에 따른 이 현상은 과잉 번식된 조류 식물이 하천이나 호소에 햇빛이 유입되는 것을 차단함으로써 생물 소멸이 일어나고 또한 물속의 용존 산소가 감소함으로써 수 생태계가 교란되는 문제를 일으킨다.

지구온난화와 더불어 물의 부영양화는 위협적인 환경 문제 중 하나가 되어 많은 국가가 원인 규명과 방지 관리 등에 힘쓰고 있다.

수질계에서 식물 플라크톤의 과잉 증식이 일어나 수환경 내 생산성의 불균형을 초래하는 부영양화는 도시화와 산업발전 및 농업생산성 증대 등 인간활동에 따른 영향으로 더욱 심화되고 있다. 자연적으로 호소나 하천의 초기 상태에서는 영양물질이 부족하여 조류에 의한 생산성이 낮은 빈영양호 상태이다. 자연적인 부영양화는 주변에서 유입되는 자연적인 영양물질이 증가하면서 조류 증식이 활발하고 그에 따라 동물 플랑크톤과 수중 생물 개체 수 증가가 일어나고 그 사체가 쌓이면서 자연적인 부영양화 과정을 거친다. 이런 자연적인 부영양화와는 달리 인위적인 요인에 의한 부영양화는 매우 빠르게 진행되고, 특히 수온, 일조량 등 기후 기상조건이 조류 광합성에 영양을 끼치는 것과도 밀접한 관계가 있으며 계절적 영향은 주로 봄부터 가을까지 나타난다.

이 수질 부영양화 현상은 일반적으로 수계에 번성하는 자가 영양 조류에 의한 것으로 그 조류는 다음식과 같이 무기 물질과 햇빛 에너지를 통한 광합성으로 조류원형질체가 생성되는데 따른다.

$$106\,CO_2 + 16\,NO_3^{\;-} + HPO_4^{\;2-} + 122\,H_2O + 18\,H^+$$

에너지 ↓ +미량원소

$$C_{106}H_{263}O_{110}N_{16}P\,(조류\;원생질) + 138\,O_2$$

이 식에 따르면 무기 질소(N)와 무기 인(P)이 조류 번식의 주된 조절 인자이고, 그중에서도 인이 결정적인 요인임을 알 수 있다.

부영양화가 나타나면 호소나 강의 물은 번식 조류에 따라 녹색 혹은 갈색을 띠고 투명도가 감소한다. 물속의 탄산염이 조류 생성 과정의 광합성에 의해 소모됨으로써 물의 pH는 증가하여 중성에서 약 염기성이 된다. 과다 증식한 플랑크톤으로 물의 표면이 덮이면 유입되는 햇빛이 차단되어 조류 등 물속 식물이 고사하며 용존 산소를 소비하므로 동식물이 사멸하는 환경에 이른다.

이런 현상은 우리나라의 호소나 하천에서도 자주 나타나는데, 하천 수심이 얕고 갈수기와 건천 현상이 잦아 부착 조류 생성이 유리한 환경에서 수계에 유입되는 물의 조성 물질, 특히 질소와 인 함유 화합물이 결정적 역할을 한다. '녹조 라떼'라는 용어가 사회적 이슈로 언급되는 등 녹조 발생 빈도가 높아지고 있으며, 특히 낙동강 등 일부 지역의 녹조 발생 현상에서 맹독성 물질을 함유하고 있는 남조류 발생이 확인되는 등 부영양화는 음용수 수질 관리 및 식수원 보호에 심각한 위협 요인이 되기도 한다.

Reading Environment

드넓은 바다에서 화학 원소를 읽다

NATURE GEOSCIENCE

Eighty years of Redfield

editorial

The outstanding lifespan of the canonical Redfield ratio has shown the power of elemental stoichiometry in describing ocean life. But the biological mechanisms governing this consistency remain unknown.

지구의 지각 조성 물질 중에서 화학 원소 인(Phosphorus, 원소 기호 P)은 11번째로 흔한 원소이고, 지각 존재 비율은 무게비로 0.12 % 인 생태계와 생물체의 주요 구성 원소이다. 하지만 인은 생물체 구성에 필수적인 다른 중요 대량 원소인 탄소, 수소, 산소, 질소와는 달리 대기 이동을 포함한 전 지구적인 순환의 의미에서 차이가 있다.

미국의 해양학자인 Alfred C. Redfield는 깊은 바다의 해수와 표층 해양 식물성 플랑크톤의 화학적 성질을 비교하고 연구하면서 영양 원소의 비율이 비교적 일정함을 처음으로 설명하였다. 꾸준한 연구 관찰의 결론은 해수 생태계에서 질소와 인의 비율(N : P)이 약 16 : 1 이고, 영양소가 제한되지 않을 때 대부분의 식물성 플랑크톤의 탄소, 질소, 인의 몰 비 (C : N : P)가 106 : 16 : 1 이었다. 넓은 바다에서 해수와 생명체의 원소비가 같은 비율로 이루어졌음을 확인한 것이다.

C : N : P의 비가 106 : 16 : 1인 이 값은 해양 생물체의 구성 원소 비로 알려진 레드필드 비(Redfield ratio)이다. 즉, 바다 생물체(Biomass)의 주된 부분은 질소가 풍부한

플랑크톤이고, 이 플랑크톤은 화학 조성이 비슷한 다른 플랑크톤에 의해 소비되면서 전 해수 권역에 평균적으로 질소와 인이 16 : 1의 비율로 존재함을 실험적으로 확인한 것이다. 한편 생물체가 해수에서 호기성 박테리아에 의해 분해되면 유기물질이 산화하여 이산화탄소와 질산염, 인산염 등의 무기 물질로 변하면서 해수에 녹아든다.

생물체에서뿐 아니라 해수도 질소와 인이 약 16 : 1로 거의 일정한 비를 나타내는 이유는 해수의 순환 주기 및 질소 원소와 인 원소의 해양 체류 시간으로 이해할 수 있는데, 질소의 체류 시간은 약 2000년이고 인의 체류 시간은 약 10만 년 정도로 이는 혼합 주기가 약 1000년 정도인 해수의 순환에 비해 상대적으로 긴 시간이다. 이 때문에 해수 내 N : P 비율이 거의 일정하게 유지되는 것으로 생각할 수 있다. 해수와

내륙 담수 영역에서의 C, N, P 비율은 차이가 있을 수 있다. 이는 내륙 생태계의 총유기물이 수질 권역에 끼치는 영향의 종류와 정도 그리고 해수에 비해 상대적으로 짧은 체류시간 등에 기인하는 것으로 볼 수 있지만, 내륙의 경우에도 수질권의 N : P 비율은 레드필드 비의 기반에서 논의될 수 있다.

다음 학습 자료는 Alfred C. Redfield가 자신의 이름을 따라서 제안한 레드필드 비(Redfield ratio)에 관한 1934년 연구가 80주년을 맞아, 과학사에 중요한 기여를 하고 현재도 이를 바탕으로 관련 연구들이 진행 중인 그의 연구 업적을 소개한 글이다. 오늘날과는 달랐을 80년 전에 광활한 바다를 대상으로 생태계에서 화학 원소 비를 생각하고 추적 연구하였던 위대한 연구는 종료된 것이 아니라, 환경 관련 분야에도 그 의미 설명하고 확대하는 숙제를 스스로 가질 수 있다.

https://www.nature.com/articles/ngeo2319.pdf

"Eighty years of Redfield"

5.3.2 자연 유기 물질

물속에 들어있는 자연유기물질(NOM: natural organic matter)은 이산화탄소와 물 그리고 영양원소로부터 생물체(biomass)를 만드는 광합성(photosynsethis) 과정과 그 생물체가 최종 무기화합물로 분해하는 무기질화(mineralization) 과정 속에서 나타난다. 수질계에 나타나는 유기 탄소는 주로 다양한 유기 생물체와 사멸된 생물체 그리고 물질의 분해나 전환과 같은 물질순환과정에서 생성된 것이다. 토양의 씻김 작용도 유기물질 총량에 기여한다.

물속의 자연유기물질은 용존 형태 외에 입자상 물질로도 존재하는 등 그 존재 형태가 매우 다양하여 모든 단일 구성 물질을 일일이 파악하는 것은 불가능하다. 따라서 자연 유기물질의 농도를 규정함에 있어 일반적으로 총괄 변수를 사용하는데 세 변수는, 총유기탄소(TOC; Total Organic Carbon), 용존 유기탄소(DOC; Dissolved Organic Carbon) 및 입자상 유기탄소(POC; Particular Organic Carbon)이며, 이들 사이의 상관관계는 다음과 같다.

$$TOC = DOC + POC$$

수계 중 지표수와 지하수의 용존 유기탄소 농도는 대개 $1 \ mg/l$ 이하에서부터 $10 \ mg/l$ 정도까지 수계에 따라 편차가 크며, 그 중 인간 활동에 따라 생긴 유기물 농도는 $\mu g/l$ 혹은 mg/l 범위로 나타난다. 따라서 적어도 수계 중 지표수와 지하수의 TOC와 DOC는 물속 자연유기물질 함량과 유사하고, 물속 유기물 총량을 자연유기물질(NOM; Natural Organic Matter)로 나타내기도 한다. 용존 유기탄소로 특징되는 유기물질 중의 일부분은 간단하고, 생물학적으로 쉽게 분해되는 결합, 예를 들어 탄수화물, 카르복실산, 아미노산 등으로 이루어져 있지만 환경 수질화학적 관점에서 더 관심을 끄는 물질은 화학적 혹은 생물학적으로 안정하고 궁극적으로 완전

무기질화 되면 수계에서 사라지는 부식질(humic substance)이다.

부식질은 자연적인 생물, 유기물질이 화학적 혹은 생물학적 반응을 통해 분해되고 전환되어 생긴 물질로 수질계와 토양에 존재한다. 장기간에 여러 단계반응을 거치며 형성된 불규칙한 구조의 부식질은 물질 내(intra molecular)에서 혹은 물질 간(inter molecular) 결합을 하거나 고분자화(polymerization) 한다.

부식질에 나타나는 중요 작용기는 카르보닐(carbonyl)기, 카르복실(carboxyl)기, 방향족(aromatic), 지방족고리(alicyclic ring) 또는 지방족(alkyl)의 하이드록실(hydroxyl)기이다. 그 밖에 질소와 어느 정도의 황(sulfur), 인(phosphor) 그리고 양이온도 함유하고 있다. 이러한 부식질은 단일 물질이 아닌 다양한 유기화학 구조물의 혼합체로써 그 분자량 크기는 100 Dalton 정도의 작은 것부터 수십만 Dalton의 커다란 크기에 이르는 불균일 화합물이다. 따라서 단일 화합물에서처럼 일정한 화학적 특성에 따른 분류가 어렵거나 혹은 불가능하기 때문에, 기능적 분리 방법으로 수용액 속에서 산도(acidity)에 따른 용해도 차이를 이용하여, 부식산(humic acid), 훌브산(fulvic acid) 그리고 휴민(humin)으로 분류해 다룬다.

〈그림〉 훌브산 구조 예

부식산이 산성 pH영역에서 난용성인 반면 훌브산은 거의 모든 pH영역에서 용존성이고 휴민은 모든 pH영역에서 난용성 혹은 불용성이다. 따라서 훌브산은 용해도에서처럼 수질계에서 매우 주요한 부식질인데, 부식산에 비해 몰 질량이 작고 작용기 중 극성 작용기의 분율이 높다. 아래 그림은 홀브산의 작용기를 나타낸 간단한 구조의 화합물 모형이다.

5.3.3 열오염

수질 환경에 영향을 끼치는 다양한 오염물질이 있는데 그러한 화학물질 외에도 수질을 결정하는 요인들이 있다. 그 중 온도(수온)는 가장 중요한 인자 중 하나이다. 수환경 결정 요인인 수온의 변화에 따라 수질 상태가 달라지는데 이때 나타나는 수질 오염 현상이 온배수에 의한 열오염(thermal pollution)이다. 열오염은 발전소나 공장에서 물을 냉각재로 이용한 후 다시 수계로 방류할 때 수온이 최초 온도보다 상승하여 주변 수온보다 높은 경우 수생태에 영향을 끼치는 것이다. 전 세계적으로 이용하는 냉각수의 양은 하루에 2천만 톤 정도에 이르는데, 1 GW의 전력을 생산하는 석탄 또는 석유화력발전소에서 열교환 과정을 거쳐 내보내는 물은 주변 수환경에 비해 약 12 ℃ 정도 수온이 높다. 이러한 온배수는 용존 산소의 농도를 낮추어, 물고기와 플랑크톤 및 수생 식물 등 수질권의 자연생태계 변화에 큰 영향을 끼치게 된다.

5.3.4 플로오린화수소산

불산 혹은 플루오린산(hydrofluoric acid: HF)이라고도 하는 플루오린화수소산은 플루오린화 수소(또는 불화수소) 기체의 수용액으로 무색이며 냄새는 자극적이다. 이 산은 같은 할로젠 족이며 강산으로 분류되는 염산(HCl)이나 브로민화수소산(또는 브롬산, HBr)과는 달리 약산으로 분류된다. 이는 HF 분자 사이에 HF⋯HF의 강한 수소 결합(hydrogen bond)이 작용하여 다음 식에 따르는HF 분자의 해리가 쉽게 일어나지 않기 때문이다.

$$HF + H_2O \leftrightarrow H_3O^+ + F$$

이온으로 잘 해리되지 않는 중성의 HF는 생물체 접촉 시 세포 깊숙이 침투하는 강한 독성작용을 나타낸다.

HF의 환경에서의 중요성은 2012년 9월 27일 경북 구미시에서 발생한 불산 가스 누출 사고를 통해 크게 각인되었다. 작업자의 실수로 누출된 HF 기체는 5명이 사망하고 18명이 부상을 당하는 것 외에도 대기 및 토양 확산을 통해 농작물과 가축에 큰 피해를 일으켰다.

HF 기체는 인체 수분과 반응하고, H와 F 사이의 강한 수소 결합을 통하여 노출된 피부로부터 체내로 침투하여 생리학적으로 중요한 Ca^{2+}, Mg^{2+}와 결합하여 불용성 CaF_2 등의 침착물을 체내에 형성하므로 인체 위험성이 매우 크다.

HF의 공업적인 생산은 형석 광물(CaF_2)을 다음 반응식에서처럼 고온에서 황산과 반응시켜 HF 기체를 발생시킨 후 수용액 상으로 유도한다.

$$CaF_2 + H_2SO_4 \rightarrow 2HF + CaSO_4$$

플루오린화수소산은 플루오린(F)을 함유하는 여러 제품을 생산하는 출발 물질이면서 다양한 산업에 사용된다. 특히 플로오린화수소산은 아래 반응식에서처럼 유리(산화규소염)를 녹이는 거의 유일한 물질로 반도체 및 전자부품의 세정 및 식각(etching) 공정에 매우 중요한 시약이다.

$$SiO_2 + 6HF \rightarrow H_2SiF_6 + 2H_2O$$
$$SiO_2 + 4HF \rightarrow SiF_{4(g)} + 2H_2O$$

이 반응에서처럼 HF는 웨이퍼 가공 세척 등 반도체나 디스플레이 제조공정에서는 대체물질이 거의 없는 중요물질이어서, 반도체 생산 수출이 국가 경제에 끼치는 영향이 막대한 우리나라에서 HF는 더욱 특별한 화학물질일 수도 있다. 단순한 화학물질인 HF가 3 · 1운동과 대한민국 임시정부 수립 100주년을 맞는 해에, 더욱 불거진 한 · 일 과거사 문제 논란으로 인해, 정치와 경제의 심각한 뉴스로 등장하기도 했다. 다음은 이 뉴스를 인용한 것이다.

불화수소 90 %가 일본산 -수입 끊기면 한국 반도체 치명타-

… 반도체 제조용 정밀화학원료는 일본에서의 수입 비중이 41.9 %나 된다. 그 중에서도 불화수소는 반도체 세정에 꼭 필요한 것으로 90 % 이상을 일본에서 수입하고 있으며, 일본 외에 제대로 만들 수 있는 나라가 거의 없다. … 이런 상황에서 일본이 한국 법원의 일제시대 강제징용 배상 판결 등에 대한 불만으로 불산의 한국 수출 금지 등 경제 보복 조치를 취할 경우 반도체 업계에 치명타가 될 수 있다. …

〈출처: 한국경제, 2019년 4월 8일〉

5.3.5 오염물질의 농축

(1) 생물농축계수(bioconcentration factor)

생물농축(Bioconcentration)은 환경 매질 중의 생물이 물질을 직접 섭취함으로써 환경 속의 특정 성분의 농도가 생물체 내에서 증가하는 것을 말한다. 생물농축계수(bioconcentration factor: BCF)는 환경 매질 속의 어떤 특정물질(오염물)이 생물농축을 통하여 생물체 내에 축적되었을 때, 그 물질의 물속에서의 농도와 생물체 내에서의 농도 비율을 의미한다. 보통 잠재적 환경 위해성을 갖는 화학물질이 수중 어류에 끼치는 농축성을 확인하는 실험을 하는데, 물고기 실험은 아가미와 상피조직을 통한 물 순환량이 크고, 먹이연쇄에 따라 사람에의 영향을 고려하는데도 의미가 있다. 생물농축계수(BCF)는 다음과 같이 나타낼 수 있다.

$$BCF + \frac{C_b}{C_w}$$

C_w: 물 속에 존재하는 시험물질의 농도

C_b: 생물체에 존재하는 시험물질의 농도

(2) 생물(농축)확대(biomagnification)

생물(농축)확대는 먹이사슬(food chain)을 통해, 생물체 중에 특정 성분이 증가하는 것을 말하는데, 하위 단계의 포식자가 주변 환경에 노출되어 그 생체 내에 특정 성분이 축적되고 이를 먹이로 취하는 상위 단계 포식자 내에서의 성분 농도가 먹이사슬을 따라 증가하는 것을 뜻한다.

(3) 생물축적(bioaccumulation)

생물들이 환경 중의 특정 성분에 직접 노출되어(접촉, 흡수, 섭취 등) 그 성분이 생체 내에 농축되는 것과 먹이 사슬에 따라 상위 포식자로 이동할수록 생체 내 특정 성분 농도가 증가하는 것을 포함하는 것으로, 넓은 개념의 생물농축으로 볼 수 있다.

(4) 치사량(lethal dose)

치사량은 사람이나 동물에게 특정한 약품이나 물질을 투여했을 때 치명적인 결과가 나타날 수 있는 약품이나 물질의 양으로, 독성학적으로 해당 물질을 투여했을 때 대상 동물이나 인간이 죽을 수 있는 최소 양이다. 정량적인 실험값으로는 반수치사량(LD_{50}; median lethal dose)으로 표시하는데 이는 어떤 특정물질의 독성을 시험할 때 물질을 투여 받은 실험군의 50 %가 사망하는 때의 주입량을 나타낸다.

〈표〉 잘 알려진 몇 가지 화합물의 LD_{50}

화합물	LD_{50} (mg/kg)	있는 곳
물	90000	음용수, H_2O
설탕	30000	식품
에탄올	7060	알코올 함유음료
염화소듐	3000 12000	소금, 식탁
Acetyl-salicilic cid $(C_9H_8O_4)$	200	아스피린
표백(증기)	850	표백소독
콜라	140	천연농약, 커피
DDT	100	살충제
Vitamin D_3	37	영양제, 버석, 물고기
Nicotine	10	천연농략, 담배
아프라톡신	5	토양곰팡이, 곰팡이 핀 음식
다이옥신	0.0001	제초제 부산물

Reading Environment

바다가 식초가 되는 건 아니겠지!

탄소 순환에 의하면 지구에서 배출되는 이산화탄소의 약 30%는 바다에 흡수된다. 흡수는 CO_2가 직접 바닷물에 용해되는 것과 해양 생물이 이용하는 형태이다. 기후변화 연구에 따르면 지구 온난화에 영향을 끼치는 기체 발생량은 계속 증가하고, 그중에서도 화석 연료

사용을 비롯한 여러 원인에 의한 이산화탄소 배출량 역시 꾸준히 늘고 있다. 바다는 이산화탄소의 주된 흡수체이지만, 대기 중 농도 증가가 지속되면 해양 생태계가 영향을 받을 수밖에 없고, 직접적인 영향으로 해양 산성화가 일어난다.

바다에 흡수된 이산화탄소는 물과 반응하여 탄산(H_2CO_3)을 형성한다. 대기 중의 이산화탄소 농도가 증가할수록 더 많은 양의 탄산이 생성되고 이는 바닷물의 화학적 성질에 영향을 끼치며, 직접 측정할 수 있는 값의 하나로는 해수의 pH를 확인하는 것이다.

연구에 의하면 약알칼리성을 띠는 해수의 평균 pH는 지난 200년 사이에 8.2에서 8.1로 떨어졌다. pH 0.1은 작은 값으로 여겨질 수 있지만, pH가 산성 유발물질인 수소이온 농도의 대수 값이므로, 수소이온 농도 변화로 볼 때 약 26 %의 농도 증가가 생긴 것으로, 산성이 크게 증가한 것이다. 문제는 현재와 같은 대기 중 이산화탄소 농도 증가 추세가 지속되면 2100년까지 해수의 pH는 0.3-0.4 정도 더 낮아지고, 해수의 수소이온 농도는 100 - 150 % 정도 증가할 것으로 예상된다. 그 때의 해수의 pH는 약 7.7 정도이고 여전히 약 염기성 상태이지만, 현재보다 산성이 크게 증가한 상태이므로 '해수 산성화(Ocean Acidification)'에 대한 논의가 이루어지고 있다.

바다가 현재보다 산성화가 되어 가면 홍합, 산호, 게, 성게, 불가사리 등과 같이 석회질 껍질을 갖고 있는 바다 생물은 직접적인 위협을 받는다.

탄산칼슘($CaCO_3$) 성분을 갖는 석회질 껍질은 이산화탄소가 용해하여 생성되는 약산성물질인 탄산(H_2CO_3)과 산-염기 반응을 하면서 석회질 껍질이 약해지거나 사라진다. 이는 바다 생물이 대기에서 유입되는 이산화탄소 흡수체가 되는 것이고, 약해진 석회질 껍질로 인해 쉽게 다른 생물의 먹이가 될 수 있는 해양 산성화에 따른 변화가 된다.

해양 산성화는 식물성 플랑크톤에도 위협이 될 수 있다. 과학자들이 관찰한 바에 의하면, 해수의 pH가 낮아질수록 작은 조류가 취할 수 있는 철분 양이 줄어들 수 있으므로 성장에 필요한 무기질 부족을 겪을 수 있다. 한편 식물플랑크톤 중에서도 많은 종이 석회질 골격을 형성하기 때문에 이중의 위협을 받게 된다.

일부 바다 생물은 해양 산성화에 영향을 받지 않거나 물고기와 같이 좀 더 발달된 고등 생물들은 낮아지는 pH에 상대적으로 잘 적응할 수 있다.

한편 작은 해양 생물인 식물성 플랑크톤은 바닷물에 용해된 이산화탄소를 흡수하여 탄소가 풍부한 생물체가 된다. 이는 동물성플랑크톤과 물고기나 고래 등을 거치는 먹이사슬에 따라 이동하다가 다시 배설물이나 사체가 되어 바다에 퇴적됨으로써 토양에 탄소가 고정되는데, 이러한 전체 탄소 순환 과정은 수천 년이 걸릴 수 있다.

해양 산성화는 이산화탄소의 영향에 따른 것이고, 이산화탄소는 지구온난화의 원인 물질로 여겨지므로 해양 산성화와 해수 온도 상승은 함께 바다에 변화를 가져오는 요인이 된다.

아래 소개하는 자료는 'National Geographic'지의 자료로서 이 잡지의 특성 따라 멋진 사진을 포함하고 있으므로 눈 호강과 함께 중요한 환경 주제인 해양 산성화 문제를 알아가는 계기를 찾을 수 있다.

(1) https://www.nationalgeographic.com/environment/article/critical-issues-ocean-acidification

"Ocean acidifcation, explained"

다음은 미국 워싱턴DC의 스미소니언(Smithsonian Institution) 박물관에서 공개하는 해양 산성화 자료로써 세계적인 과학박물관답게 동영상을 포함하여 입문자들에게 필요한 기본적인 내용을 비교적 상세하게 설명하고 있다.

(2) https://ocean.si.edu/ocean-life/invertebrates/ocean-acidification

"Ocean Acidification"

다음 주소에서는 'National Academy of Sciences'에서 발간한 소책자를 PDF 파일로 볼 수 있는 곳인데, 사진이나 그림 자료와 함께 해양 산성화의 다양한 측면을 생각해 볼 수 있는 안내 자료이다.

(3) https://nap.nationalacademies.org/resource/12904/OA1.pdf

"Ocean Acidification-Starting with the Science"

5.4 정수 처리

산업회로 인한 사회 변화와 인구 증가에 따라 환경 오염이 심해지고 상수원수의 수질도 더 나빠지는데, 비하여 삶의 질에 관한 사람들의 요구는 증가하면서 먹는 물의 품질에 대한 수질 기준은 지속적으로 강화되고 있다.

우리나라의 수자원 이용현황을 보면 상수 원수로 이용되는 주요 수원은 하천수이다. 일부 댐이나 호소수 혹은 지하수가 이용되기도 하나, 대부분 하천수를 직접 취하거나, 댐 내의 체류 시간이 길지 않은 다목적 댐에서 취한 상수 원수를 이용하므로 원수의 특성은 하천 수에 가깝다.

국가는 상수원수의 수질이 먹는 물 수질 기준에 적합하지 않으므로, 수질오염 성분을 제거하여 국민이 안심하고 이용할 수 있는 물을 생산하기 위하여 정수처리장을 운영 관리하고 있다.

정수시스템은 여러 단계의 단위공정으로 이루어지는데, 그 구성은 일반적으로 오염물질의 물리적, 화학적 특성, 오염 물질의 농도 등에 따라 처리 특성을 고려한 여러 공정을 조합한다. 깨끗한 물을 효율적으로 생산하기 위해서는 기본적으로 먼저 원수의 수질 특성을 분석하여 그에 따른 처리 기술을 결정하는 데, 먹는 물에 적합하지 않은 오염 물질의 종류는 무엇이며 입자의 크기, 분자의 크기, 용존 물질, 현탁 물질, 친수성 물질, 소수성 물질, 입자 표면 전하 등 제거 대상 물질의 농도와 특성에 따른 오염 물질의 분리 및 처리 기술을 조합하여 원수 수질에 대응하는 정수처리 시스템을 구성한다.

다음 그림은 하천수를 원수로 먹는 물을 생산하는 정수 처리 공정의 한 예이며, 그림에 나타낸 각 단계별 단위 공정을 간략히 설명하였다.

(1) 취수장: 하천이나 댐의 수원지에서 물을 얻는 곳으로, 취수 과정에서 나무 조각이나 쓰레기 등이 걸러지면서 정수장으로 물이 들어온다. 지하수를 원수로 사용하는 경우 지표면을 통해 흡수되면서 걸러지고 경우에 따라서는 별도의 정수 과정이 필요 없는 경우도 있다.

(2) 침사지: 취수장에서 정수 시설로 물이 이동하는 동안 원수 중의 모래를 비롯한 침전물을 제거하여 물을 끌어들이는 도수관의 마모나 폐쇄를 방지하기 위한 곳.

(3) 취수장 / 착수정: 취수 펌프를 이용하고 도수관을 통해 물을 정수처리장까지 도달케 한 후 착수정에서 정수처리시설 용량에 따라 물의 양을 조절하고 분배하는 곳.

(4) 약품투입실 / 혼화지: 물에 녹지 않고 가라앉지 않는 미세부유물질이 서로 엉키어 큰 응결체(플록: floc)를 형성하도록 투입하는 응집제, 그리고 조류, 암모니아성 질소 등 맛과 냄새를 일으키는 오염 물질을 제거하기 위해 활성탄 등의 약품을 투입한 후 섞어 줌으로써 미세 응결체(마이크로 플록: micro-floc)를 형성하는 곳.

(5) 응집지: 혼화지에서 형성된 미세 플록이 서로 엉키어 침전 가능한 큰 플록(macro-floc)이 형성되도록 하는 곳.

(6) 여과지: 약품 침전을 거친 물이 일정한 모래, 자갈 층을 통과하는 급속 여과 혹은 완속 여과를 통해 미세부유물질이나 세균, 원형동물들이 제거되어 하천에서 취수한 물이 먹을 수 있는 물이 되는 곳.

(7) 정수지: 여과된 물을 저장하여 안정화시키고, 염소 등의 처리를 통해 물이 각

가정에 도달할 때까지 세균 유입에 따른 피해가 발생하지 않도록 소독하는 곳.

(8) 배수지: 정수장에서 생산된 물을 각 가정에 안정되게 공급하는 곳.

정수장의 처리공정 구성은 취수하는 원수의 수질과 먹는 물 수질기준에 따라 달라진다. 국가가 관리하는 수질 기준은 수질 오염의 다변화와 국민생활 수준의 향상에 따라 엄격하게 강화되기 때문에 기존의 정수장 시설에서도 처리 방법을 개선하거나 새로운 기술을 도입하는 등 많은 연구와 노력이 지속되고 있다.

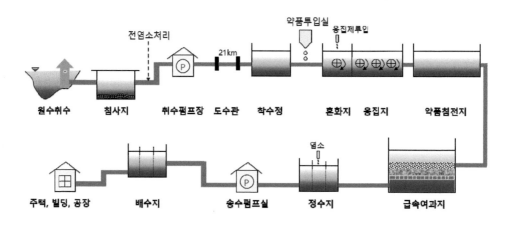

〈그림〉 정수 처리 공정의 예

6장

환경 이해의 도구 (3)

유기화학

'유기화학(organic chemistry)'의 '유기'라는 용어 사용은, 유기 문자는 생물에서만 생성될 수 있다는 역사적인 배경에 따라 무기화학과는 엄격하게 분리하여 사용해 왔다. 하지만 1828년 Friedrich Wöhler가 무기 물질인 황산암모늄($(NH_4)_2SO_4$)과 시안산포타슘(KOCN)으로부터 최초의 합성 유기 물질인 요소($(NH_2)_2CO$)를 제조하면서 유기화학 개념은 생물 영역을 넘어서게 되었다.

현대 유기화학은 주기율표의 주족 원소인 '탄소의 화학'으로 표현되기도 하는데, 탄소(C)를 주축으로 한 유기화학 물질의 다른 주요 구성 원소는 수소(H), 산소(O), 질소(N), 황(S), 인(P) 등이다.

탄소 화학은 수 많은 화합물이 있는데, 지금까지 발견하고 합성하거나 기록된 것만도 수 천만 개 혹은 그 이상이 되며 지속적으로 새로운 화합물이 연구되고 있다. 이는 유기화학이 다양한 영역의 물질 군을 이루고 있음을 뜻한다. 우리 주변에서 사람을 비롯한 모든 생물체의 대사 물질, 화석 원료와 여러 대체 에너지원, 식품, 약품, 플라스틱 등 다양한 합성 물질과 섬유, 염료, 세제 등 유기화학물질의 존재 및 사용 범위는 거의 무한대이다. 요소를 통한 최초의 유기물질 합성 이후, 유기화학은 자동차, 의학, 영양, 의복, 위생, 화장품 그 밖의 수 많은 영역에서 인간의 삶을 근본적으로 변화시켰다고 볼 수 있다.

유기화학물질의 수가 수 천만 혹은 그 이상 이라고도 하지만, 이 무수한 유기화학물질을 체계적으로 분석해보면 그 복잡성 속에 의미 있고, 활용 가능한 체계적인 결합 특성을 지니고 있다. 그에 따라 탄소 원소의 화학적 반응은 유기 화합물의 기본 구조가 일치하는 물질들의 경우 유사한 특성을 갖고 있다. 그리고 화학반응을 통하여 어떤 한 물질 군의 기본 결합 구조로부터 새로운 결합이 생기므로 새로운 화합물을 설계하고 합성할 수 있다.

유기 화합물이 무기 화합물에 비하여 많고, 이제까지 알려진 화합물 외에도 수 없이 많은 새로운 유기 화합물이 연구되고 합성될 수 있는 것은 화학 원소로서의 탄소(carbon) 원자가 특별하기 때문이다. 이러한 탄소 원소의 원자 구성, 궤도 모델, 전자 배치 및 화학결합 특성등 유기화학의 기본을 알아보는 것은 환경을 구성하는 다양한 물질을 설명하고 환경시스템에서 일어나는 물질의 변환을 이해하는 첫 단계이다.

6.2.1   탄소의 특성

주기율표는 원소의 구성과 그로 인해 나타나는 특성들이 주기적인 성질을 갖는 것에 따라 정리한 표이다. 그러므로 주기율표로부터 각 자리에 위치한 원자의 특성에 대한 중요한 정보를 얻을 수 있는데, 탄소 원자는 일반적으로 $^{12}_{6}C$로 표기되어 있으며 이표기로 부터 탄소에 대한 다음 정보들을 얻는다.

- 탄소(carbon) 원소의 표기 기호는 C 이고, 이는 탄소 원자를 나타낸다.
- 탄소 원소는 원자 번호가 6번 이다. 이것은 탄소가 주기율표의 순서에서 여섯 번째 자리에 위치함을 나타낸다. 이 원자 번호는 탄소 원자의 핵 속에는 양(+) 전하를 띄는 6 개의 양성자(proton)가 있으며, 핵 주변은 음(-) 전하를 띄는 6 개의 전자(electron)로 구성되어 있음을 뜻한다.

6.2.2 탄소의 화학 결합

(1) 원자 모델

원자 번호가 6인 탄소 원자에는 6개의 전자가 들어 있다. 탄소 원자의 화학적 성질은 이 전자들의 거동에 따른 것이므로 원자 안에 전자가 어떻게 들어 있는지, 그 위치와 거동에 대해 이해하는 것이 탄소 화학 즉, 유기 화학의 시작이라고 할 수 있다. 탄소 원자의 전자 배치에 관한 두 모델을 알아본다.

① 껍질 모델(shell model)

원자 내 전자들의 위치를 그리는 가장 간단한 방법 중 하나는 전자 껍질(electron shell)모델로써, 핵 주위에 여러 개의, 지름 크기가 다른 공 모양의 껍질이 둘러 쌓여있고 그 껍질에 전자가 위치하고 있는 것으로 묘사한다. 탄소 원자의 경우 6개의 전자가 첫 번째와 두 번째 껍질에 놓여있다.

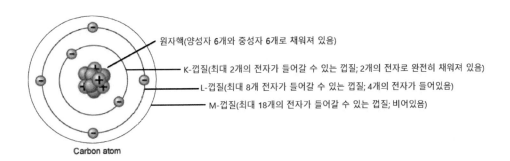

원자핵(양성자 6개와 중성자 6개로 채워져 있음)
K-껍질(최대 2개의 전자가 들어갈 수 있는 껍질; 2개의 전자로 완전히 채워져 있음)
L-껍질(최대 8개 전자가 들어갈 수 있는 껍질; 4개의 전자가 들어있음)
M-껍질(최대 18개의 전자가 들어갈 수 있는 껍질; 비어있음)

Carbon atom

〈그림〉 껍질 모델에 따른 탄소원자 모형

- 특정 껍질에 위치한 전자들은 일정한 에너지를 갖고 핵 주위 껍질에서 운동한다.
- 가장 바깥 껍질에 있는 전자를 최외각전자 또는 원자가 전자(valence electron)라고 한다. 탄소 원자의 경우 4개의 전자가 두 번째 껍질(L-shell)에 놓여 있으며, 이 전자가 탄소원자의 결합과 반응에 결정적인 역할을 한다. 4개의

원자가 전자가 탄소의 "네 개의 결합"을 형성하는 원천으로, 다른 원자나 탄소
원자와 공유 결합을 형성한다.

② 궤도 모델(orbital model)

껍질모델에서 설명하기 어려웠던, 원자 내의 전자가 에너지를 흡수 혹은 방출하
면서 만드는 스펙트럼 결과를 관찰하고 그에 따른 에너지 특성을 규명함으로써 원
자 내의 전자를 더 정밀하게 구별할 수 있게 되면서, 여러 개 전자가 동일하게 위치
한 것으로 여겨졌던 전자 껍질은 원자 오비탈(atomic orbital)로 알려진 부 껍질로
이루어져 있다는 궤도 모델이 제시되었다. 양자역학(quantum mechanics)의 발전
과 더불어 가장 간단한 수소 원자에 대한 shrödinger 방정식으로부터 수학적 해를
구하고, 거기에서 유도된 양자수(주 양자수, 각운동량 양자수, 자기 양자수, 스핀
양자수)로 궤도 함수를 기술하면서 원자 내 모든 전자를 구별할 수 있게 되었다.
궤도 모델은 다음과 같이 설명할 수 있다.

- 각 전자는 원자핵 주변에 있는, 일정한 확률로 발견될 수 있는 공간에서 움직
  이고 있다. 그 공간 생김새는 공이나 곤봉 모양 또는 크로바 모양 등으로 각각
  s-, p-, d-궤도(orbital: 오비탈) 이라고 부른다.
- 개별 특성을 띄는 각 궤도(orbital)는 고유의 에너지 준위를 갖고 있으며 하나
  의 궤도에는 최대 2개의 전자가 놓여있다. 궤도 모델에서 하나의 껍질은 에너
  지 상태가 다른 궤도들로 이루어져 있으며, 한 원자 내 전자들이 각 궤도에 차
  례로 채워진 모습이다.
- K-껍질에는 1s-궤도라고 하는 하나의 궤도(오비탈)만 있어 최대 2개의 전자가
  놓일 수 있으며, L-껍질에는 하나의 2s-궤도와 세 개의 2p-궤도가 있어 모두
  네 개의 궤도에 최대 8개의 전자가 놓일 수 있다. 궤도 종류는 s-, p- 외에 최대
  10개의 전자가 놓일 수 있는 d-궤도, 최대 14개 전자가 채워질 수 있는 f-궤도
  등이 있다.

(2) 탄소원자의 궤도 모델

탄소원자에는 총 여섯 개의 전자가 들어 있으며, 이 여섯 개의 전자궤도는 핵에서 가까운(에너지가 낮은) 궤도에서부터 차례로 채워지는데, K-껍질에 해당하는 1s-궤도에 두 개의 전자, L-껍질에 해당하는 2s-궤도에 두 개의 전자 그리고 역시 L-껍질에 해당하는 2p-궤도에 두 개의 전자가 들어있다. 이 탄소원자의 전자 배치(electron configuration)를 한 궤도에 전자가 2개씩 들어갈 수 있는 궤도를 ㅁ상자로 나타내면 다음과 같은 그림으로 나타낼 수 있다.

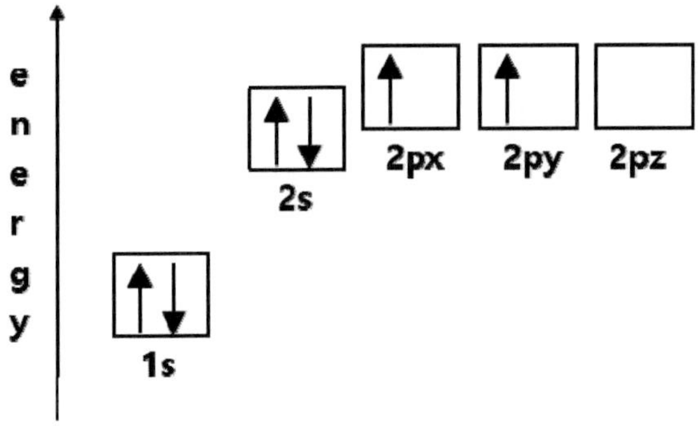

〈그림〉 탄소 원자의 전자 배치

순서대로 각 궤도에 2개의 전자가 채워지는 이 그림에서 전자가 채워지는 방법은,

- 전자는 에너지 준위가 낮은 궤도부터 차례로 채워지며(그림에서 숫자 1,2는 주양자수이다. —Aufbau 원리
- 하나의 궤도에서 두 번째 전자는 첫 번째 전자와는 스핀방향(화살표 방향)으로 표시)이 반대이고—Pauli 법칙
- 세 개의 2p-궤도에 전자가 채워지는 순서는 각 궤도에 스핀이 동일한 전자가 차례로 채워지는 것이다(전자 수가 많아 네 개의 전자가 채워질 경우 첫 번째 2p-궤도에 반대 스핀 전자가 들어가 2개의 전자가 위치한다. —Hund 규칙

(3) 탄소의 혼성궤도(hybrid orbital)

유기 화합물에서 탄소 원자 하나는 공유 결합을 할 수 있는 동일한 네 개 원자가 전자를 갖고 있다. 유기 화합물의 구조에서 확인 할 수 있는 이 결합 특성은, 쌍을 이루지 않는 (p-궤도에 있는) 전자가 두 개 밖에 없는 원자 궤도 모델에 따른 전자 배치,($1S^2\ 2S^2\ 2p^2$)로는 설명할 수 없다.

탄소가 네 개의 동일한 결합을 이루기 위해서는, 결합에 참여할 수 있는(스스로 쌍을 이루고 있지 않은) 네 개의 전자가 있어야 하고, 이는 탄소원자의 2s궤도와 2p 궤도의 혼성(hybrid) 모델로 설명할 수 있다. 즉, 2s 궤도의 전자 중 하나가 2p궤도로 옮겨지는 들뜬 상태(excited state)를 거쳐, 2s궤도와 세 개의 2p궤도가 혼성을 이루어(hybridization) 에너지 준위가 동일한 네 개의 궤도가 형성되고, 그 각각에 전자 하나씩 들어가 있는 형태이다. 하나의 s궤도와 세 개의 p궤도가 혼합하여 이루어진 이 4개의 동일한 궤도를 sp^3-혼성 궤도(SP^3- hybrid orbital)라고 부른다.

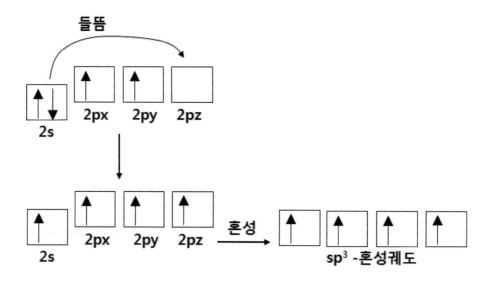

〈그림〉 탄소 원자의 sp³–혼성 궤도 형성

　　탄소 원자가 다른 원자와 공유 결합을 하는 혼성 궤도 종류에는 다음과 같은 세
종류가 있다.

① sp^3-혼성 궤도: 탄소의 원자가 전자가 들어있는 네 개의 sp^3-혼성 궤도가 정
　사면체(tetrahedron: Td)의 중심에 위치한 탄소 원자핵으로부터 네 귀퉁이를
　향하고 있으며, 각 혼성 궤도 사이는 109.5°를 이룬다. 대표적 예는 가장 간단
　한 탄화수소인 메테인(methane; CH_4)이며, 반응성이 낮고 안정한 포화탄화
　수소 화합물의 탄소는 이 sp^3-혼성 궤도를 갖는다.

② sp^2-혼성 궤도: 탄소의 네 개의 궤도 중 세 개의 sp^2-혼성궤도는 평면 정삼각
　형(triangle)의 중심에 위치한 탄소 원자핵으로부터 세 귀퉁이를 향하며, 각
　혼성궤도 사이는 120°를 이룬다. 탄소의 4개의 결합 중 혼성을 이루지 않은
　하나의 P-궤도는 평면 삼각형 중앙에서 상하 수직으로 놓여있다. 가장 간단
　한 탄화수소 화합물의 예는 에텐(ethene)이며, 탄소 간 이중 결합 중 하나는
　두 탄소의 sp^2-혼성 궤도가 겹쳐져 만들어진(평면 삼각형의 한 꼭지점이 서
　로 겹친 모습의) σ-결합(시그마 결합)이고, 다른 하나는 혼성하지 않고 평면
　삼각형에 상하수직으로 위치한 p-궤도가 평면 아래 위에서 서로 이웃하며 일
　부 겹친 π-결합(파이 결합)이다.

③ sp-혼성 궤도: 탄소의 원자가 전자 4개가 위치한 네 개의 궤도 중 2개의 sp-
　혼성 궤도는 일직선(linear)으로, 중심에 위치한 탄소 원자핵으로부터 서로
　반대 방향을 향하며, 각 혼성 궤도 사이는 180°를 이룬다. 탄소의 네 개의 결
　합 궤도 중 혼성을 이루지 않은 2개의 p-궤도는 직선 모양의 혼성 궤도 방향
　과는 각각 90°를 이루며 x, y, z 중 두 방향을 향한다. 가장 간단한 탄화수소의
　예는 에틴(ethyne; 또는 아세틸렌)이며 탄소 간 삼중결합 중 하나는 각 탄소
　의 sp-혼성 궤도가 겹쳐져 만들어진 것이고, 다른 두 개의 결합은 두 탄소의
　혼성하지 않은 p-궤도 중 서로 같은 방향의 궤도끼리 일부 겹쳐져 만들어진 π
　-결합이다.

(4) 탄소 원자의 공유 결합

구형의 s-궤도와 곤봉모양의 p-궤도가 혼합하여 형성된 혼성궤도의 모양은 다음과 같이 그림으로 나타낼 수 있는데, 이때 원자의 핵은 각 궤도의 중심(구의 중심과 곤봉모양의 가운데 마디 점)에 위치한다.

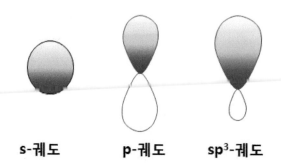

s-궤도   **p-궤도**   **sp³-궤도**

〈그림〉 s궤도, p궤도 및 혼성궤도

탄소원자에서의 sp^3-혼성궤도는 하나의 구형 s궤도와 공간상에서 서로 독립적으로 x축 y축 z축을 향한 세 개의 p-궤도(p_x, p_y, p_z)가 혼합한 것이다.

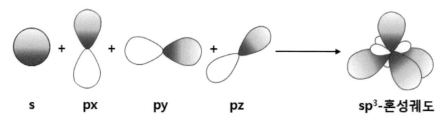

s   px   py   pz   sp³-혼성궤도

〈그림〉 탄소원자의 sp^3-혼성궤도 모형

그림에서 나타낸 것처럼 탄소원자 모형은 s-궤도 특성이 1/4, p-궤도특성이 3/4 혼합된 sp^3-혼성궤도 네 개가 탄소원자 핵 주위에 위치하고, 각 sp^3-혼성궤도에 탄소의 원자가 전자 네 개가 놓인 모양이다. 이 모형으로 부터 탄소는 네 개의 동일한 결합을 형성할 수 있음을 설명할 수 있다. 공간상에서 네 개의 동일한 sp^3-혼성궤도는 정사면체의 꼭지점을 향한다.

(5) 탄소는 네 개의 결합을 한다.

　주기율표에서 탄소원자는 2주기의 8개 주족 원소 중 비활성 원소인 N_e을 제외한 원소들의 가운데 위치하고 있다. 이는 탄소 원자가 전자를 받아들이거나 혹은 전자를 내주는 대신 전자를 공유하려는 경향이 큰 원소임을 의미한다. 이 같이 탄소 원자는 다른 원자들과 전자를 공유할 수 있을 뿐만 아니라, 같은 탄소 원자와 탄소-탄소 간 결합도 할 수 있기 때문에 수많은 화합물을 형성할 수 있다. 탄소원자가 다른 탄소 원자나 다른 원소의 원자와 결합할 때, 하나의 탄소 원자는 네 개의 결합을 형성 할 수 있다. 이것은 탄소원자 하나가 결합을 형성할 수 있는 네 개의 손을 가지고 있음을 의미하는 것으로 유기 화합물의 구성과 구조를 지배하는 규칙에 해당한다.

6.3 탄소 화합물의 구조

    탄소 화학으로 대표되는 유기화학 화합물은 거의 제한 없는 탄소 간 결합을 통해 수 없이 많은 화합물을 이루는데, 그 구조는 사슬 모양, 고리 모양, 그물 구조 등 다양한 모습이다. 가장 중요하고 많은 결합은 C-C, C-H간 결합으로, 전기 음성도 차이가 적은 이 두 원소 사이의 결합에서 전하 분포는 원자 간 균형을 이룸으로써 비극성 결합을 형성한다. 네 개의 결합을 갖고 있는 가장 간단한 탄소와 수소로 된 화합물은 CH_4, 메테인이며, 이는 가장 간단한 유기 화합물로써 탄소의 sp^3 – 혼성 궤도에 있는 전자와 수소의 s궤도에 있는 전자가 공유결합을 형성한 것이며, 궤도 간 결합을 포함한 분자구조를 아래 그림과 같은 모형으로 그릴 수 있다.

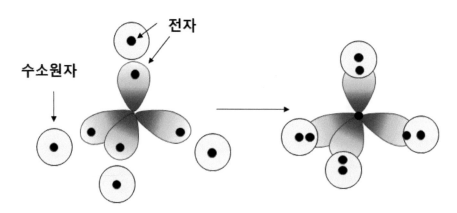

〈그림〉 네 개의 공유 결합을 한 메테인(CH_4)의 입체 구조

  유기화학에서 볼 수 있는 수없이 많은 유기화합물을 구별하여 표기하고 명명하
는 방법을 이해하는 것이 필요하다. 유기화합물을 표기하는 방법은 탄소 수가 늘
어나거나, 수소와 그 이외 다른 원소와 결합한 화합물을 원자 기호로 나타내는 화
학식, 원자간 결합을 선으로 나타낸 구조식(케쿨레식), 각 치환기를 표시하는 축소
구조식, 그리고 유기화학에서 사용하는 특징적인 방법으로 탄소 간 결합을 막대기
로 나타내어 막대기 끝과 막대기 연결점에 탄소가 위치하고 탄소에 결합한 수소는
생략하는 막대 구조식 등이 있다. 탄소와 수소 이외의 원소가 함유되어 있는 경우
엔 별도로 원자 기호를 표기하고, 원자가 결합을 직선으로 나타낸다.

<화학식>   (1) C_4H_{10} (2) C_2H_5OH (3) $(C_2H_5)_3N$

<케쿨레구조>

(1)   (2)   (3)

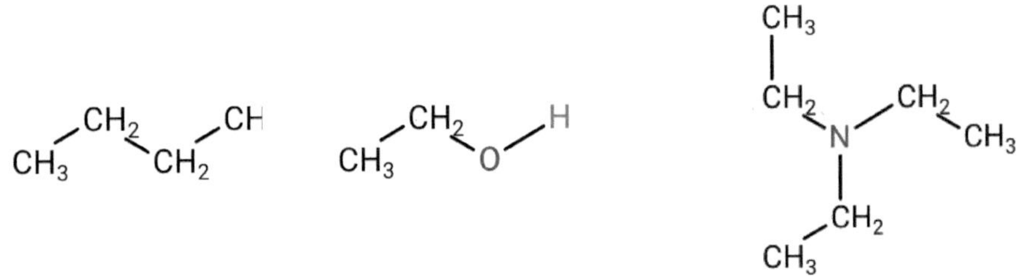

<축소구조>

(1) $CH_3CH_2CH_2CH_3$ (2) CH_3CH_2OH (3) $(CH_3CH_2)_3N$

<막대구조>

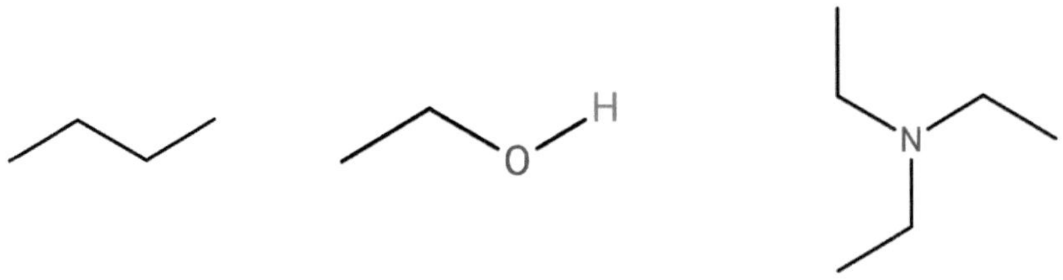

(1) 부테인(butane)   (2) 에탄올(ethanol)   (3) 트라이에틸아민(triethylamine)

〈그림〉 유기 화합물의 여러 가지 표기 방법

탄소와 수소만으로 구성된 유기화합물을 탄화수소(hydrocarbon)라고 한다. 탄화수소는 유기화학의 기본물질로서, 원유나 천연가스의 주 성분이며 연료로 이용되는 에너지 공급원으로 또는 다양한 유기 화학 합성의 원료로 사용되는 중요한 물질이다.

아래 그림은 탄화수소의 분류를 나타낸 것이다. 탄화수소는 지방족(aliphatic) 탄화수소와 방향족(aromatic) 탄화수소로 나뉜다. 지방족 탄화수소는 화합물의 구조에 따라 사슬형(가지가 없는 사슬형과, 가지가 있는 사슬형) 지방족 탄화수소와 고리형 지방족 탄화수소(alicyclic hydrocarbon)로 나눌 수 있다. 한편 분자 내의 탄소가 단일 결합만을 가지고 있는 포화탄화수소와 이중결합 혹은 삼중결합을 가지고 있는 불포화 탄화수소로 나눌 수도 있다. 방향족 탄화수소는 화합물의 모든 탄소가, sp^2 – 혼성 궤도를 가지고 있으며, 각 탄소의 혼성되지 않은 p-궤도에 위치한 전자는 모든 탄소에 균등하게 분포되어 있는 비편재화된 π-전자(delocalized π-electron)인데, 방향족 탄화수소의 탄소 고리 수가 n일 때 4n+2개의 π-전자가 존재한다.

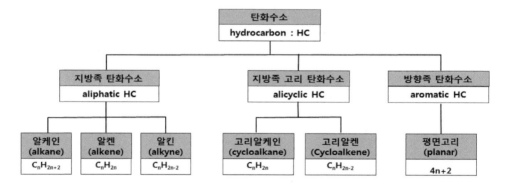

〈그림〉 탄화 수소 화합물의 분류

6.4 유기 화학물의 분류

6.4.1 지방족 탄화수소

지방족 탄화수소(aliphatic hydrocarbon)는 모든 탄소가 네 개의 단일 결합 만으로 이루어진 포화 지방족 탄화수소 계열인 알케인(alkane, 또는 알칸)과 불포화 지방족 탄화수소 계열로 이중 결합을 갖고 있는 알켄(alkene) 그리고 삼중 결합을 갖고 있는 알킨(alkyne)으로 나뉜다.

(1) 알케인(alkane)

알케인은 단일 결합 만으로 이루어진 탄소-탄소 및 탄소-수소 결합을 갖고 있으며, 일반적인 화학식은 $C_n H_{2n+2}$로 여기서 n은 탄소의 갯수에 해당하는 자연수이다. 탄소 수 1개에서 10개에 해당하는 알케인의 이름은 다음과 같다.

다음의 표에 탄소 수에 따른 몇 개의 곧은 사슬 알칸(straight-chain alkane) 이름을 표기하였으나, 탄소수가 증가하고 가지 달린 탄화수소 화합물 등 수많은 유기화합물을 구별하기 위해서는 International Union of Pure and Applied Chemistry 위원회에서 고안한 체계적인 IUPAC 명명법을 사용하고 있다.

〈표〉 알케인 화합물의 명명법

탄소수	화학식	이름	영문명명	축소구조식	*작용기명 (알킬치환체)
1	CH_4	메테인	methane ; 다른이름- 메탄	CH_4	메틸
2	C_2H_6	에테인	ethane ; 다른이름- 에탄	CH_3CH_3	에틸
3	C_3H_8	프로페인	propane ; 다른이름- 프로판	$CH_3CH_2CH_3$	프로필
4	C_4H_{10}	뷰테인	butane ; 다른이름- 부탄	$CH_3(CH_2)_2CH_3$	뷰틸
5	C_5H_{12}	펜테인	pentane ; 다른이름- 펜탄	$CH_3(CH_2)_3CH_3$	펜틸
6	C_6H_{14}	헥세인	hexane ; 다른이름- 헥산	$CH_3(CH_2)_4CH_3$	헥실
7	C_7H_{16}	헵테인	heptane ; 다른이름- 헵탄	$CH_3(CH_2)_5CH_3$	헵실
8	C_8H_{18}	옥테인	octane ; 다른이름- 옥탄	$CH_3(CH_2)_6CH_3$	옥틸
9	C_9H_{20}	노네인	nonane ; 다른이름- 노난	$CH_3(CH_2)_7CH_3$	노닐
10	$C_{10}H_{22}$	데케인	decane ; 다른이름- 데칸	$CH_3(CH_2)_8CH_3$	데킬

* 작용기: 탄화수소 화학식에서 수소 하나를 떼어낸 구조의 결합군, 예: CH_3-, 메틸

* 알케인(alkane)의 작용기는 화합물 끝의 탄소에서 수소가 하나 떨어져 나간 구조로, 알킬 치환체(alkyl substituent)의 명명은 해당 알케인의 영문명 어미 -ane를 -yl로 바꾸어 쓰고, 알케인 작용기는 '알킬기' 라 부르며 'R-'로 표기한다. R은 탄소 수가 하나인 경우, CH_3-로 표기하고 메틸기라고 명명하며 기타 탄소 수에 따라 해당 알케인의 어간을 따라 명명한다.

IUPAC 명명법에 따른 알칸 화합물의 체계적인 명명법은 다음과 같다.

① 탄소 간의 결합이 가장 긴 사슬(주사슬)의 탄소수가 알칸 화합물의 주된 이름
  이 된다.

3-메틸헵테인(3-methylheptane)   4-에틸헵테인(4-ethylheptane)

② 주사슬에 붙어있는 알킬 치환체나 작용기는 주 사슬 이름 앞에 탄소의 위치
  번호와 함께 쓰는데, 가장 작은 번호가 되도록 탄소사슬 번호를 붙인다.

3-메틸헥세인(3-methylhexane)

③ 한 화합물 구조에 여러 개의 치환체가 있을 경우, 치환체는 영어 알파벳 순서
  대로 쓴다.

4-에틸-3-메틸옥테인(4-ethyl-3-methyloctane)

④ 같은 치환체가 2개 이상일 때 di, tri, tetra 등의 접두어를 쓰고, 각 치환체 위치는 숫자로 표시하되 콤마로 구별하며, 끝에 쓰는 치환체 번호가 적게 명명한다.

4-에틸-2,3-다이메틸헥세인(4-ethyl-2,3-dimethylhexane)

⑤ 서로 다른 치환체 위치가 사슬의 탄소번호 매김 방향에 따라 다를 경우 영어 알파벳이 빠른 치환체에 작은 번호가 오도록 명명한다.

3-에틸-6-메틸옥테인(3-ethyl-6-methyloctane)

자연 중 알케인(alkane)이 주성분으로 들어있는 물질은 원유나 천연가스이며 이것은 에너지원으로뿐 아니라 수많은 유기화학 물질을 합성하는 원료물질 이므로 경제적으로 매우 중요한 산업자원이다. 알케인은 직접 연료로 사용할 때의 연소반응과 특정한 조건에서의 몇 가지 반응 외에는 화학 반응성이 매우 낮은 물질인데, 이는 탄소-수소 결합이 비극성이고(결합에너지가 크고) 매우 안정하기 때문이며 탄소-탄소 결합 에너지는 조금 작으나 원소 주위의 많은 수소원자가 반응하려는 물질을 차단하며 알케인의 비활성이 유지된다.

(2) 알켄(Alkene)과 알킨(Alkyne)

알켄은 탄소- 탄소 사이에 이중결합을 포함하고 있는 탄화수소이다. 알케인 (alkane)의 모든 탄소가 단일 결합을 하고 탄소 간 결합(C-C) 이외의 모든 탄소가 수소로 포화되어(C-H 결합수가 최대인) 포화 탄화수소(saturated hydrocarbon)인 데 반하여, 알킨(alkene)은 그 보다 적은 C-H 결합을 갖는(탄소가 결합할 수 있는 최대의 수소 수보다 적은 수소를 갖고 있는) 불포화 탄화수소(unsaturated hydrocarbon)이다.

대부분의 알케인이 화학반응 활성이 매우 적은 반면, 알켄은 화합물의 이중결합 이 분자 내에서 반응의 중심이 되는 작용기가 되어, 생물계 등에서 중요한 반응을 수행한다.

알킨(alkyne)은 탄소-탄소 사이에 삼중결합을 가진 화합물이며, 화학반응은 알 켄(alkene)과 매우 유사하다.

(3) 사슬 지방족 탄화수소 와 고리 지방족 탄화수소

사슬 지방족 탄화수소 (aliphatic hydrocarbon)	화합물의 예	출처 또는 용도	구조 (그림 번호)
알케인 (alkane)	메테인(methane)	• 천연가스 성분. 늪 가스	1
	에테인 (ethane)	• 천연가스 성분	2
	프로테인(propane)	• 천연가스 성분 대체 추진제 가스	3
	부테인 (butane)	• CFC 대체 냉매(butane/pentane)	4
알켄 (alkene)	에텐 (ethene)	• 관용명 – 에틸렌(ethylene) • 열분해 가스 • 폴리에틸렌(polyethylene:PE)의 단위체 • 바나나 숙성제	5
	프로필렌(propylene)	• 열분해 기체 • 폴리프로필렌(polyprophlene:PP)의 단위체	6
	부타다이엔(butadiene)	• 합성 고무 제조	7
	이소프렌(isoprene)	• 천연고무의 기본물질	8
알킨 (alkyne)	에틴 (ethyne)	• 관용명 – 아세틸렌(acetylene) • 용접가스 • 비닐결합 합성물질	9
고리지방족 탄화수소 (alicyclic hydrocarbon)	씨클로 헥세인 (cyclohexane)	• 용매	10
	피넨 (pinene)	• 씨클로알킨(cycloalkane) • 테레빈유(turpentine oil, 소나무류에서 증류로 얻는 기름) 함유물질 • 숲 속 피톤치드 함유물질	11

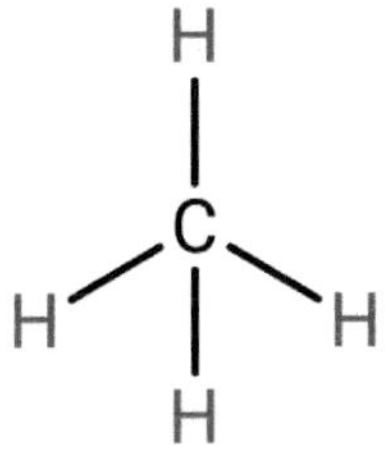

H

H—C—H

H

(1) 메테인

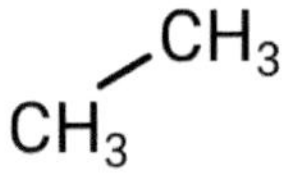

CH₃

CH₃

(2) 에테인

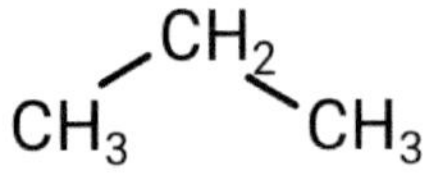

CH₂

CH₃   CH₃

(3) 프로페인

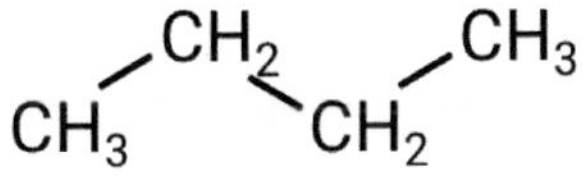

CH₂   CH₃

CH₃   CH₂

(4) 부테인

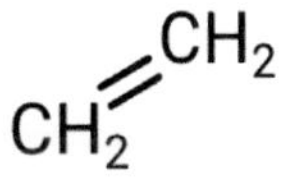

CH₂

CH₂

(5) 에텐

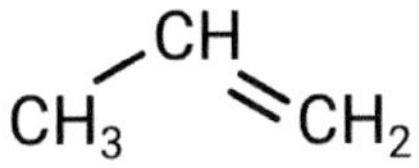

CH

CH₃   CH₂

(6) 프로필렌

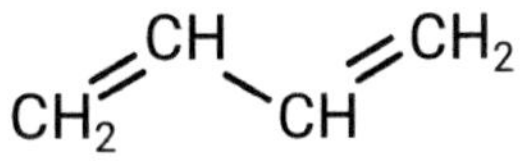

CH   CH₂

CH₂   CH

(7) 부타다이엔

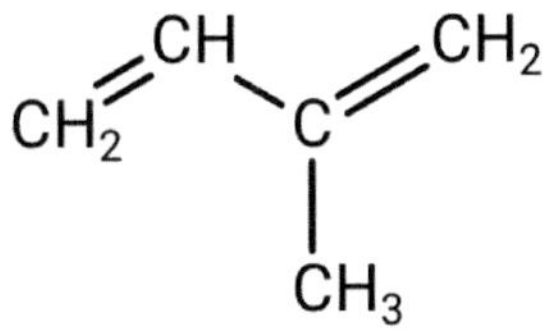

CH   CH₂

CH₂   C

CH₃

(8) 이소프렌

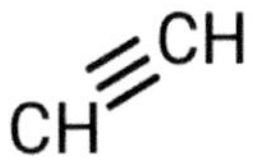

CH

CH

(9) 에틴

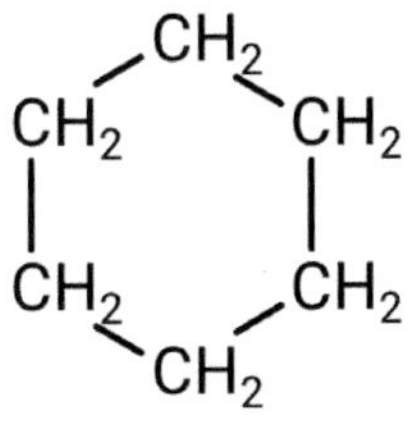

CH₂

CH₂   CH₂

CH₂   CH₂

CH₂

(10) 씨클로헥세인

CH₃

C

CH   CH

CH₃   CH₂

C   CH₂

CH

CH₃

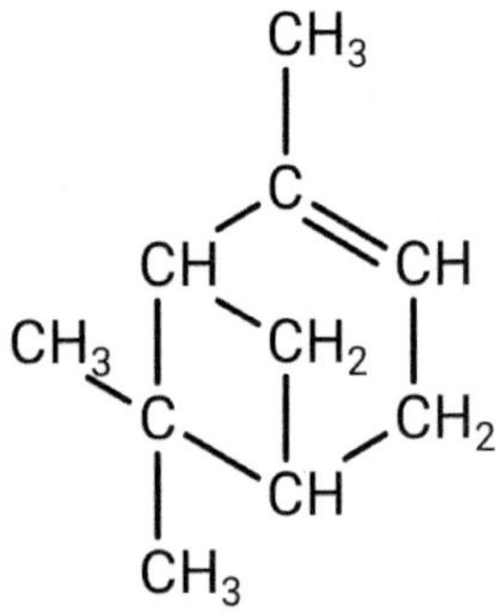

(11) 피넨

6.4.2   방향족 탄화수소

방향족 탄화수소(aromatic hydrocarbon)는 고리가 하나인 벤젠(benzene)을 기본으로, 여러 개의 벤젠 고리가 붙어서 연결된 다중 고리 방향족 탄화수소(PAH: poly aromatic hydrocarbon)에 이르기까지 많은 화합물이 있다. 이 물질의 특징은 화합물 내에 비편재화된 전자(delocalized electron)를 갖고 있는 것이다.

지방족 탄화수소의 결합 전자들은, 전자가 단일 원자에 속하거나 두 원자가 공유하여 결합을 형성하고 있는 구조로 전자들이 특정한 공간에 구속되어 있는, 편재화 된 전자(localized electron) 상태이다. 한편 방향족 탄화수소에는 전자들 중에서 특정한 원자에 구속되지 않고 3개 이상의 원자에 고르게 분포되어 있으면서 공유 결합을 형성하는 비편재화된 전자(delocalized electron)가 존재한다.

방향족 고리 결합 화합물은 에너지 면에서 좀 더 안정한 상태에 있는데, 이는 비편재화된 이중결합 전자(π-전자)가 분자 전체에 균일하게 퍼져 분포하기 때문이다. 따라서 방향족 탄화수소는 화학반응을 잘 하지 않으며, 환경에 유입되면 오랫동안 잔류하게 된다. 방향족 탄화수소 화합물의 기본 구조를 갖는 대표적 화합물인 벤젠에 대해 알아본다.

(1) 벤젠(benzene)의 특성

분자식이 C_6H_6인 벤젠은 매우 안정한 화합물이다. 오래 전부터 잘 알려진 화합물이었음에도 벤젠의 구조는 X-선과 전자회절법의 새로운 분석 기술이 발달한 1930년대에 확인되었다. 벤젠은 평면구조이고 6개의 탄소간 결합은 1.39Å으로 탄소 단일 결합 길이인 1.54Å 보다는 짧고 탄소간 이중결합, C=C 사이의 길이가 1.33Å 보다는 짧다. 6개의 탄소 간 결합 길이가 모두 같다는 것은 6개 탄소 원자들 사이 전자 수가 같아야 하고, 이는 6개 탄소의 p-궤도에 속한 6개 전자가, 2개씩 짝을 지어(6개 탄소) 에텐에서처럼 2개의 전자가 2개의 탄소 사이에만 편재화 된 형태가 아니라, 6개의 전자가 고리 전체(6개 탄소)에 고루 퍼져있다는, 즉 비편재화(delocalized) 개념으로 설명할 수 있다.

이와 같이 이루어진 벤젠의 구조를 좀 더 자세히 살펴보면 다음과 같다.

벤젠의 각 탄소는 모두 SP^2-혼성 궤도를 이루어, 한 탄소의 세 SP^2- 혼성 궤도는 동일한 평면에서 120°결합각을 갖는 평면 삼각형 자리에 위치하고, 그 중 2개의 SP^2- 혼성 궤도는 이웃하는 두개의 탄소의 SP^2- 혼성 궤도와 겹치면서 공유 결합을 형성하여 정육각형을 이룬다. 이와 같은 벤젠 분자의 구조는 평면 정육각형 이다. 각 탄소원자의 혼성하지 않은 6개 p-궤도는 평면에 수직으로 나란히(평행) 위치하여 이웃하는 p-궤도와 측면 겹침을 형성한다(π-결합). 이 p-궤도에 들어있는 6개의 전자들은 파이 전자(π-electron)라고 하는데, 이 전자들은 특정 탄소에 속하지 않고, 6개의 탄소가 공유하고 있다. 즉 파이전자들은 비편재화되어, 탄소 원자가 결합해 형성한 고리(벤젠 골격) 아래 위에 마치 도넛 모양의 공간 속에 고르게 놓여있다. 비편재화된 전자를 갖고 있는 벤젠의 구조 표기는 이중결합과 단일 결합이 혼재된 공명 구조로 그리거나, 고리 내 점선으로 공명 혼성 구조를 표기하기도 한다.

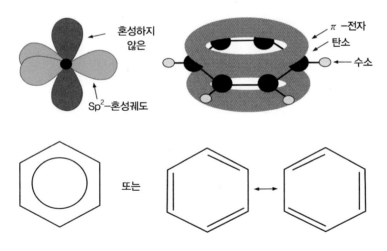

〈그림〉 벤젠의 결합 구조와 화합물 표기

어떤 유기 화합물이 방향족 탄화수소인지를 판별하는 법은 다음과 같다.

① 방향족 탄화수소의 분자 구조는 고리형을 갖춘 평면이어야 한다.

② 고리 안의 모든 원자가 평면에 수직인 p-궤도를 갖고, 각 p-궤도는 이웃하는 p-궤도와 겹침이 일어나, 평면 위와 아래에 π-전자구름을 형성해야 한다.

③ π-전자쌍의 수는 홀수, 즉 π-전자 수는 6, 10, 14… 이어야 한다. 이는 단일 고리 탄화수소 뿐 아니라 다중 고리 탄화수소가 방향족인지 판단하는데도 적용되는데, π-전자쌍이 5개인 나프탈렌(naphthalene), 7개인 안트라센(anthracene) 등은 방향족 탄화수소이다.

(2) 방향속 탄화수소 화합물

아래 표에 단일 고리 방향족 탄화수소와 다중 고리 방향족 탄화수소 화합물의대표적 예와 용도를 기술하고 각 화합물의 구조를 표기하였다.

방향족 탄화수소 aromatic hydrocarbon	화합물의 예	출처 또는 용도	구조 (고리번호)
단일 고리 방향족 탄화수소 (monocyclic aromatic hydrocarbon)	벤젠 (benzene)	• 용매, 고급휘발유 첨가제 발암성	(1)
	톨루엔 (toluene)	• 용매 • IUPAC-methyl benzene	(2)
	자일렌 (Xylene)	• 용매, 고급휘발유 첨가제 • IUPAC-dimethyl benzene	(3)
	스티롤 (styrol)	• 폴리스티렌(polustyren:PS)의 단위체 • IUPAC-ethenyl benzene	(4)
다중 고리 방향족 탄화수소 (poly cyclic aromatic hydrocarbon)	나프탈렌 (naphthalene)	• 구충방향제 • 염료, 의료, 농약 (예: 살충제 카바린)원료	(5)
	안트라센 (anthracene)	• 대표적 다중고리탄화수소 (poly aromatic hydrocarbon: PAH) • 염료원료	(6)
	3,4-벤조피렌 (3,4-benzopyrene)	• 불완정연소로 생기는 물질 바비큐, 훈제 식품 • 공장 · 자동차 배출가스 발암성 Benzo(a)pyrene	(7)

(1) 벤젠(benzene)

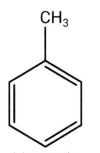

(2) 톨루엔(toluene)

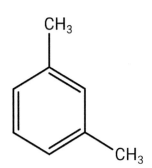

(3) 자일렌(xylene)

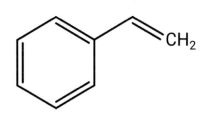

(4)스티롤(styrol)

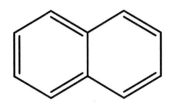

(5) 나프탈렌(naphthalene)

(6) 안트라센(anthracene)

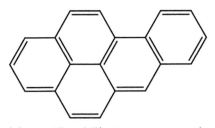

(7) 3,4-벤조피렌(3,4-benzopyrene)

6.4.3   산소를 포함한 유기 화합물

산소를 포함한 유기 화합물 작용기에는 알코올(alcohol)기, 이써(ether)기, 카르보닐(carbonyl)기가 있으며, 카르보닐기에 속하는 작용기는 알데히드(aldehyde)기, 케톤(ketone)기, 카르복실산(carboxylic acid)기, 에스터(ester)기가 있다.

(1) 알고올(alcohol)

지방족 혹은 방향족 탄화수소(R로 표기)에 -OH기(hydroxyl group)가 결합된 R-OH 구조의 화합물로, R은 여러 가지 지방족 탄화수소 혹은 방향족 탄화수소의 유도체가 된다. 아래 표에 알코올 화합물의 대표적 예와 특성을 기술하고 화합물의 구조를 표기 하였다.

작용기	화합물의 예	특성과 응용	구조 (그림번호)
알코올 R-OH	메탄올 (methanol)	• 메틸알코올(methyl alcohol) • 독극성 용매	(1)
	에탄올 (ethanol)	• 메틸알코올 • 유용한 용매, 술	(2)
	글리콜 (glycol)	• 2가 알코올, 흡습성 • 서리방지제, 플라스틱 연화제	(3)
	글리세린 (glycerin)	• 3가 알코올, 관용명-글리콜 • 습윤크림, 화장품 원료	(4)
	페놀 (phenol)	• benzyl alcohol • 소독제-상품명 리솔 Lysol • 수지(resin), 염료, 의약품 및 농약 (예; PCP) 원료	(5)
	비스페놀 A	• 폴리카보네이트 성분	(6)

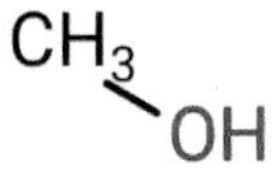

CH₃
OH
(1) 메탄올

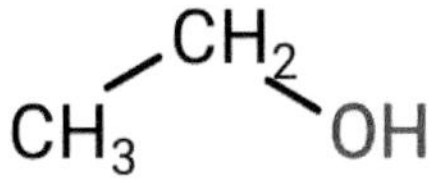

CH₂
CH₃   OH
(2) 에탄올

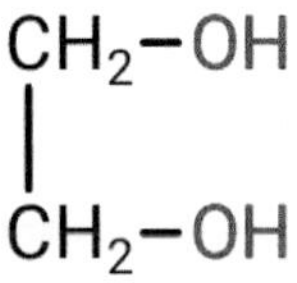

CH₂-OH
CH₂-OH
(3) 글리콜

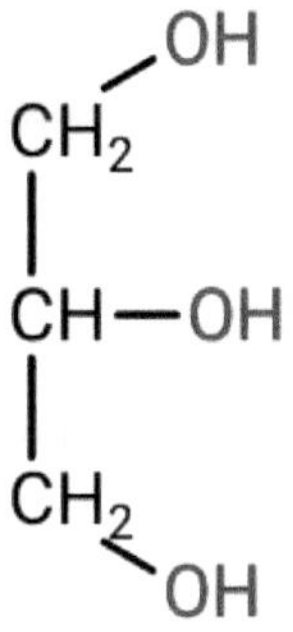

OH
CH₂
CH-OH
CH₂
OH
(4) 글리세린

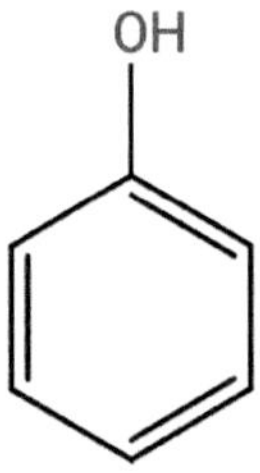

OH
(5) 페놀

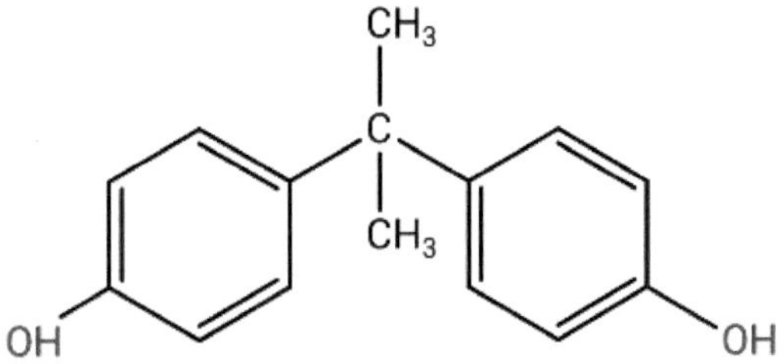

CH₃
C
CH₃
OH   OH
(6) 비스페놀 A

(3) 이써 (ether: 관용명-에테르)

　산소 원자를 가운데 두고 양 옆에 지방족 탄화수소 혹은 방향족 탄화수소기(작용단을 R로 표기)가 결합된 R-O-R 혹은 R-O-R' 구조의 화합물이다. 모든 에테르는 장기간 보존할 때 유의해야 하는데, 특히 빛이 있는 곳에서는 막힌 용기 속에서도 폭발성 과산화물(peroxide), R-O-O-R 혹은 R-O-O-R', 을 생성할 수 있다. 다음 표에 이써 화합물의 대표적 예와 특성을 기술하고 화합물의 구조를 표기 하였다.

작용기	화합물의 예	특성과 응용	구조 (그림번호)
지방족 탄화수소 이써	디에틸이써 (diethyl ether)	• 저온 발화성의 중요 용매 • 마취제	(1)
	에틸렌 옥시드 (ethylene oxide)	• 고리형 에테르 • 가장 간단한 에폭시드(epoxide) • 폴리에스테르 합성 시 성분	(2)
	메틸-t-부틸이써 (methyl-t-butyle ther)	• 약어 MTBE, 생물 분해가 어려움 • 가솔린 첨가제	(3)
	테트라 하이드로퓨란 (tetra hydrofuran)	• 용매(약어: THF) • 셀룰로스 산업의 폐기물	(4)
	다이옥산 (dioxane)	• 2개의 에테르기가 들어있는 고리형 화합물 성분 • 다목적 용매, 화장품 제조의 미량 잔류 성분 • 발암성 의심(이름 때문에 가끔 다이옥신(dioxin)과 혼동)	(5)
방향족 탄화수소 이써	다이옥신 (dioxin)	• 치환기를 지닌 불포화 다이옥산 유도체	(6)
	다이벤조퓨란 (dibenzofuran)	• 치환기를 지닌 불포화 퓨란 유도체	(7)

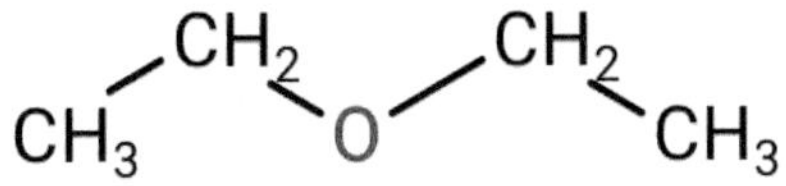

(1) 이써

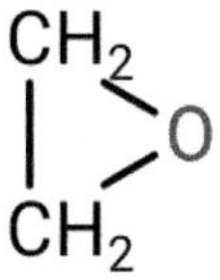

(2) 에틸렌 옥시드

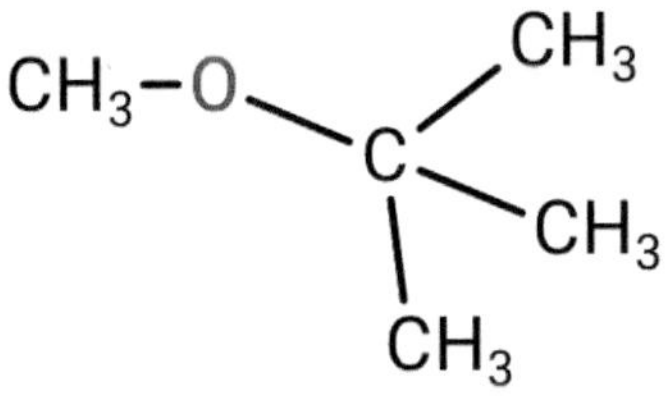

(3) 메틸−t 부틸이써(MTBE)

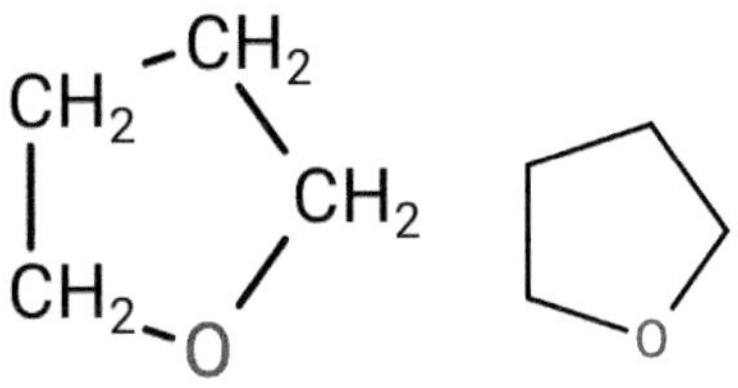

(4) 테트라 하이드로퓨란 (THF)

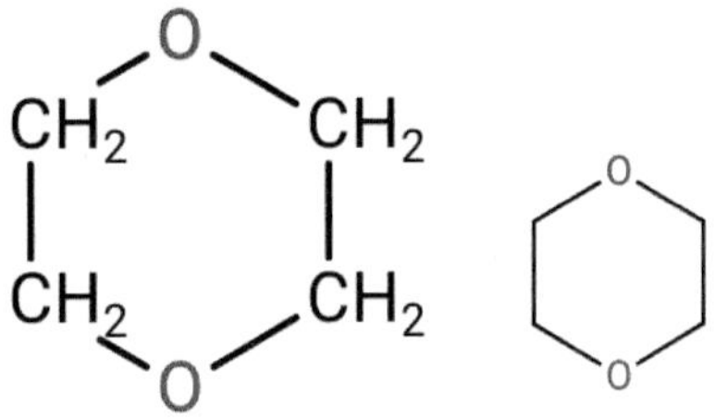

(5) 다이옥산

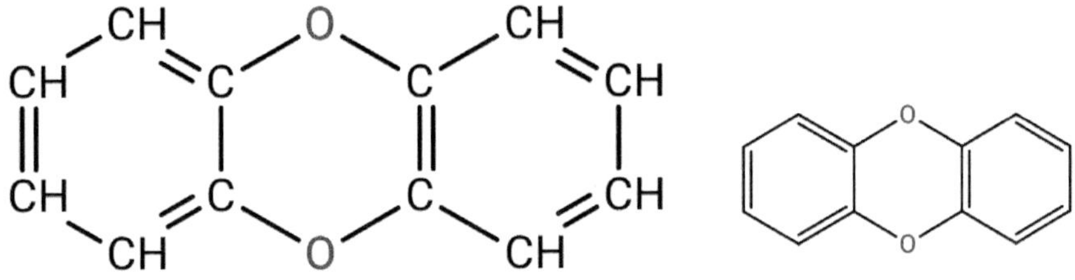

(6) 다이옥신

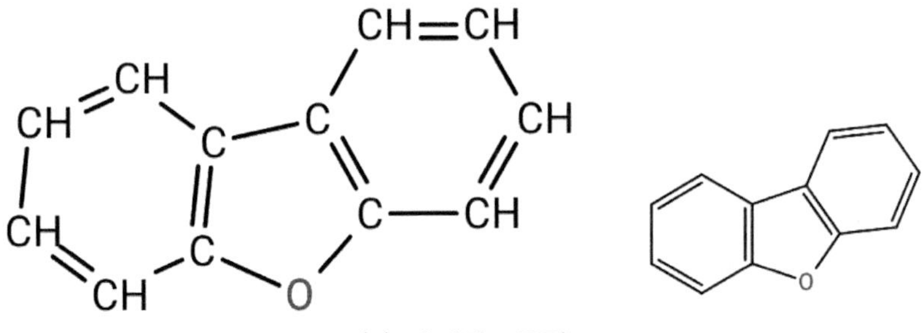

(7) 다이벤조퓨란

(4) 카르보닐(carbonyl)

카르보닐기는 화합물 내에 $-\overset{\overset{O}{\|}}{C}-$ 반응단을 갖고 있다. 이 카르보닐기는 $-\overset{\overset{O}{\|}}{C}-$ 에 결합된 원자나 원자단에 따라 더 분류할 수 있는데 알데히드(aldehyde)기, 케톤(ketone)기, 카르복실산(carboxylic acid)기, 에스터(ester)기가 등이 그것 이다. 다음 표에 이 구별된 작용기 들을 나타내고 대표적 화합물과 그의 특성 그리고 화합물의 구조를 표기하였다.

작용기	화합물의 예	특성과 응용	구조 (그림번호)
알데하이드 (aldehyde) $R\overset{\overset{O}{\|}}{C}H$	포름알데히드 (formaldehyde)	• 합성물질 속에 든 반응성이 큰 화합물 • 목재 접착제 등, 알레르기 유발	(1)
	벤즈알데히드 (benzaldehyde)	• 아몬드향 • 유기 가열이나 자동차 연소 발생물질	(2)
케톤(ketone) $R\overset{\overset{O}{\|}}{C}R'$	아세톤 (acetone)	• dimethyl keton • 중요한 페인트 용매 • 매니큐어 제거제 냄새	(3)
카르복실산 (carboxylic acid) $R\overset{\overset{O}{\|}}{C}OH$	개미산 (formic)	• 자극성 냄새 • 석회 제거제 성분	(4)
	아세트산 (acetic acid)	• 탄소가 2개인 산, 초산 • 식품	(5)
	부티르 산 (butyric acid)	• 탄소가 4개인 유기산 • 상한 버터 냄새	(6)
	지방산 (oilic acid)	• 불포화 지방산의 예	(7)
	벤즈산 (benzoic acid)	• 방향족 고리 포함 화합물 • 의약품이나 보존제(살균제)의 원료	(8)
방향족 탄화수소 이써	프탈산 에스터 (phthalic acid ester)	• 프탈산 유도체 • 플라스틱 가소제	(9)

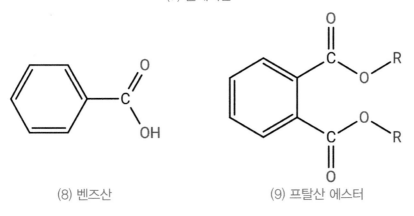

(1) 포름알데히드

(2) 벤즈알데히드

(3) 아세톤

(4) 개미산

(5) 아세트산

(6) 부티르산

$CH_3-(CH_2)_7-CH=CH-(CH_2)_7COOH$

(7) 올레익산

(8) 벤즈산

(9) 프탈산 에스터

6.4.4 질소를 포함한 유기 화합물

유기 화합물 분자 내에 질소를 함유하는 대표적인 작용기는 아민(amine), 아마이드(amide), 나이트릴(방향족일 경우 나이트로) 등이 있다. 아래에 질소 원자를 함유하는 유기 화합물 작용기를 표시하고, 해당 작용기를 갖는 대표적 화학물질과 그의 특성을 기술하고 각 화합물의 구조를 기술 하였다.

작용기	화합물의 예	특성과 응용	구조 (그림번호)
아민 (amine) R—NH₂	아닐린 (aniline)	● 일차 아민(R-NH₂) ● 염료 산업 원료	(1)
	다이메틸아민 (dimethyl amine)	● 이차 아민(R, R-NH) ● 채소 등 환경시료 함유 물질	(2)
	메틸다이에탄올 아민 (methyl diethanol amine)	● 약어(MDEA), N-methyldiethanol amine ● 3차 아민 ● CO_2, H_2S 가스포집 물질	(3)
아마이드 (amide)	요소 (urea)	● 최초 합성 유기 화합물 ● 오줌, 합성 비료, 합성 수지 성분	(4)
	펩타이드 결합 (peptide)	● 단백질 기본 단위인 아미노산 (amino acid)들 사이의 결합	(5)
나이트로 (nitro)	트라이나이트로 톨루엔 (trinitrotoluene)	● 약어: TNT ● 폭발물 제조 원료	(6)
나이트로사민 (nitrosamine)	N-나이트로소다 이메틸아민 (N-nitrosodimethylamine)	● N-나이트로소 화합물 (R - N - N = 0) ● 약어: NDMA 로켓 연료, 식품 속 물질_발암성	(7)

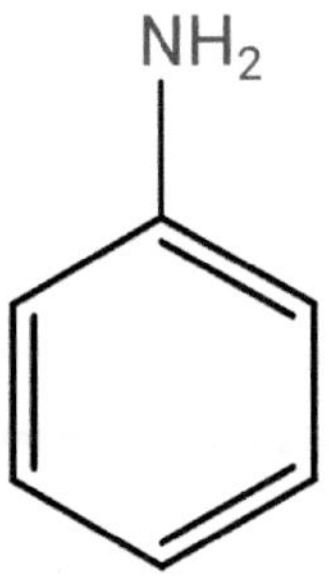

(1) 아닐린

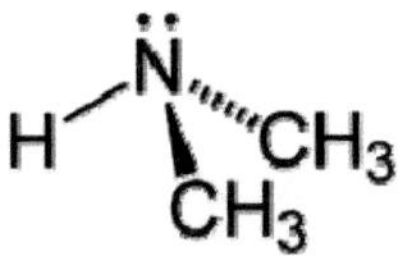

(2) 다이메틸아민

(3) 메틸 다이에탄올 아민

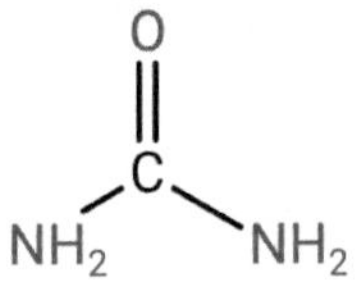

(4) 요소

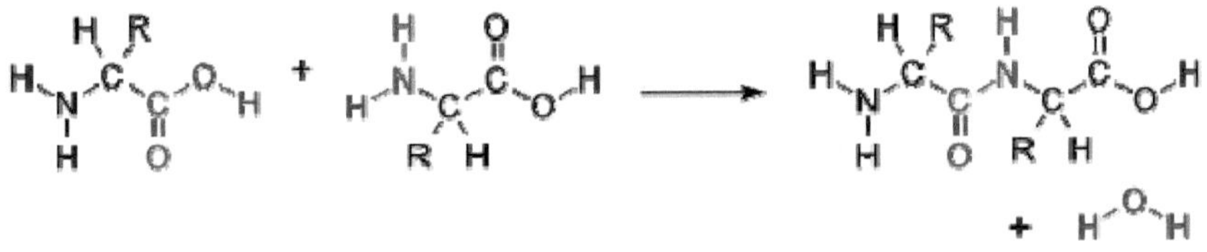

(5) 펩타이드 결합

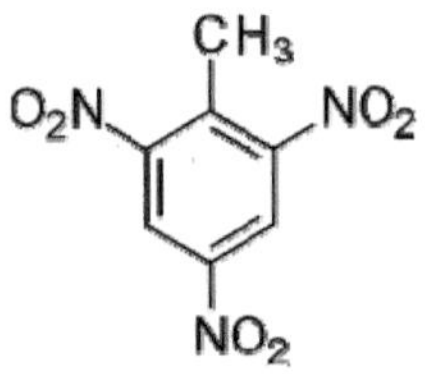

(6) 트라이 나이트로 톨루엔

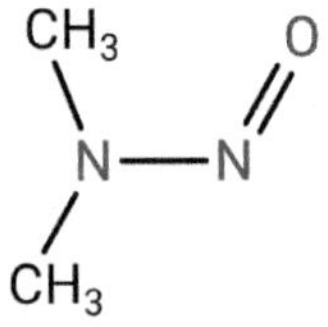

(7) N-나이트로소다이메틸아민

6.4.5 할로젠을 포함한 유기화합물

유기 화합물 중 할로젠 원소를 포함하는 물질들은 일반적으로 화학적 성질이 우수하여 여러 산업에서 용도에 따라 다양한 물질이 합성되어 사용되고 있다. 할로젠 화합물 중에는 직접 인체나 환경에 영향을 끼치는 물질들도 많기 때문에 환경 연구자들에게 할로젠 화합물의 위치는 특별하다고 할 수 있다. 다음 표에 포화 또는 불포화 지방족 탄화수소 그리고 방향족 탄화수소에 할로젠이 치환된 화합물의 특성 그리고 그 구조를 기술하였다.

작용기	화합물의 예	특성과 응용	구조 (그림번호)
메테인 유도체	클로로포름 (chloroform)	● 마취성 용매 ● 발암성	(1)
	사염화탄소 (tetrachloro methan)	● 세탁 용매 ● 발암성	(2)
	CFC-12	● dichlorodifluoro methane ● 대표적 염화불화탄화수소(CFC)	(3)
불포화 지방족 탄화수소 유도체	트라이클로로 에틸렌 (trichloro ethylene)	● 약어: TCE ● 산업용 용매	(4)
	비닐 클로라이드 (vinyl chloride)	● PVC 단위체	(5)
방향족 탄화수소 유도체	헥사클로로 벤젠 (hexachloro benzene)	● 약어 HCB ● 다이옥신 함량의 지표물질	(6)
	펜타클로로 벤젠 (pentachloro benzene)	● PCP, 목재 보존재 성분 물질	(7)
	DDT	● dichloro diphenyl trichloro ethane ● 살충제, 레이첼 카슨의 "침묵의 봄"	(8)

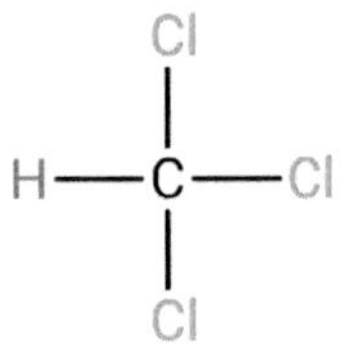

(1) 클로로포름

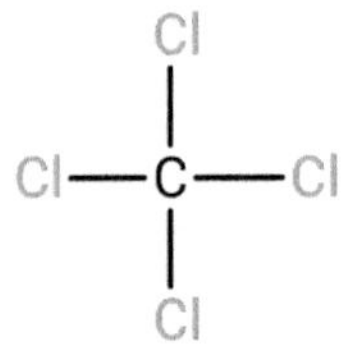

(2) 사염화탄소

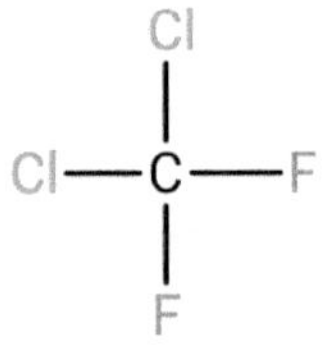

(3) CFC-12

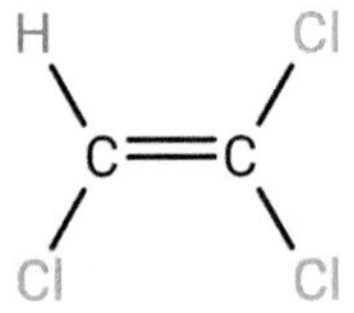

(4) 트라이클로로 에틸렌

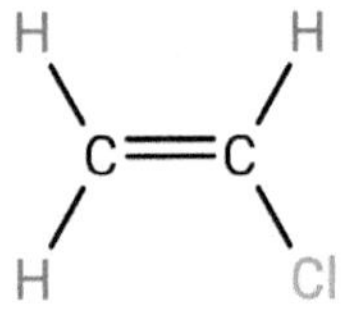

(5) 비닐 클로라이드

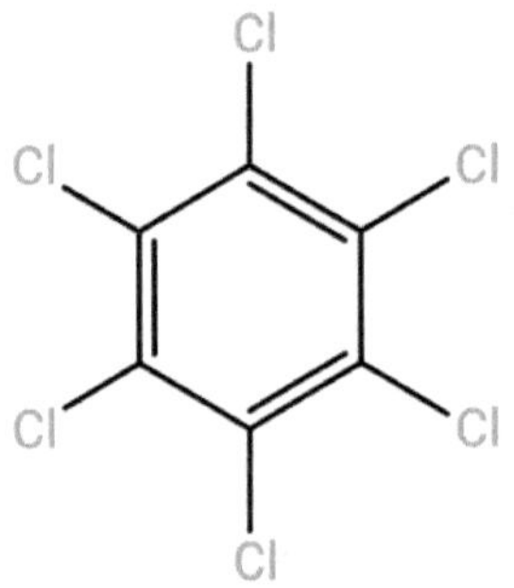

(6) 헥사클로로 벤젠

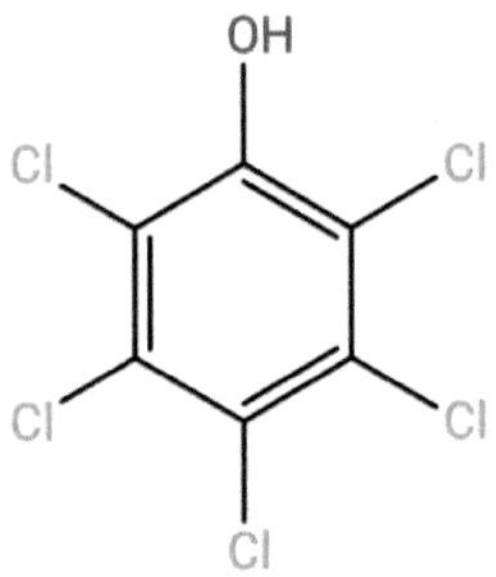

(7) 펜타클로로 벤젠

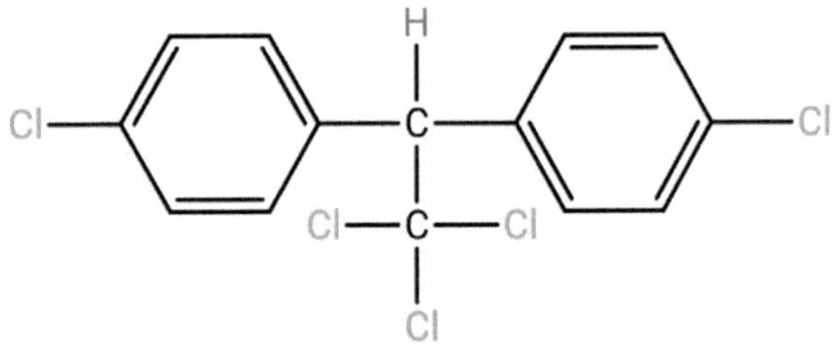

(8) DDT

6.5 잔류성 유기 오염 물질

우리나라 환경부의 잔류성 유기오염물질(POPs: persistent organic pollutants) 관리법 제2조(정의)에 따르면 잔류성 유기오염물질은 독성을 지닌 화학물질로 장기간 환경에서 분해되지 않고 머무르면서 생물체에 농축되며 대기와 물을 통한 장거리 이동(메뚜기 효과: grasshopper effect)으로 배출원과 멀리 떨어진 곳에서도 검출되는 특성을 띠는 물질을 일컬으며, 지속성 유기 오염 물질이라고도 한다.

이와 같이 독성, 잔류성, 생물 농축성 및 장거리 이동 특성을 지니는 잔류성 유기오염물질(POPs)로부터 인간의 건강과 환경을 보호하고자 하는 움직임이 UNEP에 의해 주도되었다. 1997년 부터 UNEP 집행 이사회는 POPs를 규제하는 국제 협약을 제정하기 위한 정부 간 협상 위원회(Intergovernmental Negotiating committee: INC)를 개최하여 하고 5차례의 회의 결과, 2001년 5월 22일 잔류성 유기오염물질을 규제하는 스톡홀름 협약(Stockholm convention on Persistent Organic Pollutants)을 채택하였다.

스톡홀름 협약은 POPs를 저감하되 궁극적으로는 배출 자체를 금지하려는 것으로, 제품 생산 과정에서 원료로 사용하거나 최종 제품으로 생산되는 aldrin, chlordane, dieldrin, endrin, mirex, hepatachlor, heptachlor, toxaphene, DDT, HCB, PCBs(10종)의 경우는 제조 및 사용을 금지하거나 불가피한 경우에 한하여 사용하도록 제한하고 있다. 그리고 소각 시설이나 산업 공정 등에서 발생하는 dioxins, furans, HCB, PCBs 배출의 저감 및 근절을 위해 최적 가용 기술(BAT: best

available techniques)과 최적 환경 관리 방안(BEP: best enviro nmental practices)
을 적용하도록 하고 있다.

우리나라는 2007년 1월 스톡홀름 협약을 비준하였다. 비준 당사국은 스톡홀름
협약에 근거하여 의무를 이행하기 위한 국가 이행 계획서를 작성하여 비준 후 2년
이내에 협약 사무국에 제출하도록 규정되어 있다. 그에 따라 우리나라는 POPs 측
정망, POPs 농약류 근절 이행 계획, POPs 함유 폐기물 및 기기 근절 이행계획, 비
의도적 POPs 저감 이행 계획 및 추가되는 POPs의 관리 계획 등을 포함하는 국가
이행 계획서를 마련하였다.

이와 같이 국가가 관리하는 잔류성 유기오염물질이 생태계에 끼치는 영향이 다
각적으로 보고되어 왔는데, 이 POPs 물질 특성은;

- 낮은 농도로도 인간이나 동물에 독성을 나타낸다.
- 물리적, 화학적, 생물학적 분해가 잘 일어나지 않고, 환경에 장기간 잔류한다.
- 물에 대한 용해도가 낮고 높은 지용성으로 인해 생물의 지방에 잘 농축되며,
  먹이 사슬을 통해 상위 단계 생물에 고농도로 농축됨으로써 인간에게 큰 영향
  을 끼칠 수 있다.
- 일부 휘발성을 띠기도 하며 물과 대기를 매체로 장거리 이동을 하여 오염 배
  출원과 떨어진 비오염지역, 예를 들어 극지방에서도 검출된다.

이러한 POPs가 생물계에 끼치는 영향은 생물 재생산의 실패로 인한 개체수 감
소, 비정상적인 갑상선 기능과 다른 호르몬계의 역기능, 성의 변화, 면역체계 위협,
종양과 암 발생, 신경 이상 수유 기간 단축 등 다양한 현상이 관찰, 보고되고 있다.

POPs와 같은 유해 화학 물질을 관리하기 위해 우리나라에서는 1990년에 유해오
염물질 관리법을 제정, 공포하여 유해 화학 물질을 관리하고 있으며 2007년 스톡
홀름 협약 비준에 따라 잔류성 유기오염물질 관리법을 제정, 공포하였다. 현재
POPs에 관한 규제는 여러 부처가 소관 업무에 따라 관리 및 규제를 시행하고 있
다. 대표적 POPs 물질과 물질을 규제하는 법규를 표에 나타내었다.

〈표〉 국내의 잔류성 유기오염물질의 규제

POPs	해당법규	규제내용	년도
알드린	유해물질법	취급제한	
	농약법	금지	1970
디엘드린	유해물질법	취급제한	
	농약법	금지	1969
엔드린	유해물질법	취급제한	
	농약법	금지	1969
클로르단	유해물질법	취급제한	
	농약법	금지	1969
헵타크로르	유해물질법	취급제한	
	농약법	유제: 금지	1970
		분말: 금지	1979
DDT	유해물질법	금지	1991
	농약법	수제: 금지	1969
		유제 · 수화제: 금지	1971
톡사펜	유해물질법	금지	1991
	농약법	금지	1982
PCBs	유해물질법	금지	1996
	폐기물관리법	지정폐기물	
	전기설비기준령	전지제품에 사용금지	1979
	토양보전법	30 ppm 초과시 토지사용 제한	
헥사클로르벤젠	제조 · 수입 · 사용실적이 없는 물질		
미렉스	제조 · 수입 · 사용실적이 없는 물질		
다이옥신 · 퓨란	폐기물 관리법 (50톤 이상 소각시설)	신규시설: 0.1ng TEQ/Nm^3	1997
		기존시설: 0.5ng TEQ/Nm^3	1997 (2003.7부터 신규시설 기준 적용)

*자료: 한국해양연구소 · 한국해양수산개발원, 1999

7장

지질권 화학

7.1 토양 오염

인간의 생활과 생물 유지의 중심권역인 토양에 유해한 영향을 끼치는 대표적 물질 군으로 중금속과 다양한 방향족 유기화합물을 들 수 있다. 토양에 이 물질들의 농도가 높아지면 사람은 물론 동물과 식물은 생리적인 교란을 겪고 먹이사슬을 통한 토양오염 물질이동은 모든 환경오염과 상호 연계되므로 지정된 오염물질은 사용규제나 토양 중 최대 허용치 설정 등을 통한 환경관리 대상이다.

오염물질의 발생원이나 경로는 매우 다양하여 토양에 사용하는 비료와 농약 물질 혹은 공기 중에서 강하하는 물질이 토양에 이르러 토양의 중금속 오염이나 유기물 오염을 일으키거나 심화시킬 수 있다. 이들은 대부분 자연환경에서의 분해가 매우 어려워 토양에 체류하는 시간이 길어지고 축적되는 양이 증가함으로써 생물에 중요한 토양 비옥도(Soil Fertility)를 떨어뜨릴 수 있다. 또한 먹이사슬(Food Chains)에 포함되거나 수질계를 통해 이용될 때 인간은 물론 동물과 식물의 건강에 매우 중대한 유해성 문제를 일으킬 수 있다.

생물의 생존과 유지, 성장을 위해 토양 보호와 보존 목표를 지향하는 것은 매우 중요한데, 이는 토양 비옥도를 확보하여 지구 자원의 다양한 생태학적 특성과 사회적 기능을 유지·개선하는 것이 반드시 필요한 이유이다. 토양 보호는 사전 예방조치를 포함하여 장기 모니터링이나 토양오염과 훼손에 따른 조치 등 종합적인 관리를 필요로 한다.

7.2.1 중금속 특성과 분류

아래 그림은 주기율표 원소들을 금속과 비금속 그리고 준금속으로 분류해 나타낸 것이다. 이들 중 금속은 다시 1족의 알카리 금속, 2족의 알카리토 금속 그리고 4주기 이상에서 나타나는 '전이 원소'로 나눌 수 있는데, 전이 금속의 대부분은 중금속으로 분류하기도 한다. 이러한 금속 분류에 따른 대표 원소들을 아래 표에 기술하였다.

〈표〉 주기율표 속의 금속 분류

금속	예
알카리금속 (alkali metals)	리튬(Li), 소듐(Na), 포타슘(K), 루비듐(Rb) 및 세슘(Cs)
알카리토금속 (alkali lanth methals)	베릴륨(Be), 마그네슘(Mg), 칼슘(Ca), 스트론튬(Sr), 바륨(Ba) 및 라듐(Ra)
준금속 (metalloid)	붕소(B), 규소(Si), 저마늄(Ge), 비소(As), 안티몬(Sb), 텔루륨(Te), 폴로늄(Po)
중금속 (heavy metals)	크로뮴(Cr), 철(Fe), 니켈(Ni), 구리(Cu), 은(Ag), 금(Au), 카드뮴(Cd), 납(Pb), 수은(Hg) 등

(1) 중금속 밀도

중금속(heavy metal)에 대한 정의는 일정하지 않지만 그 단어가 의미하듯, 금속 성질을 갖는 원소 중에서 원자량이 큰 원소 혹은 밀도가 큰 원소를 가르킨다.

물리량으로 구별할 때 일반적으로 원자량은 20 이상이고, 밀도는 3.8 g/cm^3 이상 혹은 물의 밀도를 기준으로 그의 5배인 5.0 g/cm^3 이상인 금속으로 정의하기도 한다. 주기율표에서는 4주기 이상의 주족 원소 중 일부 금속 원소와 전이금속 원소 그리고 란타넘족 원소와 악티늄족 원소가 이에 해당한다.

밀도(d)가 5.0 g/cm^3인 중금속을 분류하여, 밀도 크기에 따라 5.0 < d < 10.0, 10.0 < d < 20.0, d > 20.0인 중금속을 주기율표에 그림으로 표기하고, 각 원소의 밀도값을 표에 기술하였다.

밀도가 5.0 이상이고 10.0 g/cm^3 이하인 중금속에는 사주기 전이원소와 란탄족 원소가 속하고 7주기에서는 알카리토금속인 Ra이 여기에 해당한다. 그리고 밀도가 10.0 g/cm^3에서 20.0 g/cm^3사이에 속하는 중금속엔 Np을 제외한 악틴족 원소가 해당한다. 한편 주기율표 6주기와 7주기원소의 일부와 악틴족중 Np원소는 밀도가 20.0 g/cm^3이다.

여러가지 오염물질들과 마찬가지로 중금속도 그 원소 자체의 독성과 중금속 화합물이 나타내는 독성으로 인해 환경화학에서의 중요하게 다루며 많은 연구의 대상이 된다.

(2) 필수 중금속과 독성 중금속

중금속이 그 원소 자체로 모두 독성을 나타내는 것은 아니다. 오히려 독성을 나타내는 중금속도 존재 여건에 따라 인체나 생물계에서 중요한 기능을 담당하면서 없어서는 안되는 중금속도 많다.

일련의 중금속들(예를 들어 철(Fe), 구리(Cu), 아연(Zn), 크로뮴(Cr), 셀레늄(Se), 코발트(Co) 등)은 인체에 반드시 필요한 필수 원소로, 체내에서 부족할 경우 결핍 증상이 나타난다. 크로뮴 결핍은 당뇨병, 니켈 결핍은 성장 장애를 일으킨다. 비소(As)나 니켈(Ni) 등 일부 필수 원소는 아직 그 생리 기능을 충분히 이해하지 못하고 있다. 한편 과다한 양의 수은(Hg), 납(Pb), 카드뮴(Cd), 비소(As)와 몰리브데

범례
- 중금속밀도 (5<d<10) Fe
- 중금속밀도 (10<d<20) Ru
- 중금속밀도 (d=20 이상) Os

표기내용: 원소이름 / 원자번호 / 원자기호 / 원자량

1	2	3	4	5	6	7	8	9	10	11	12	13	14	15	16	17	18
수소 1 H 1.00794																	헬륨 2 He 4.003
리튬 3 Li 6.941	베릴륨 4 Be 9.012											붕소 5 B 10.81	탄소 6 C 12.01	질소 7 N 14.01	산소 8 O 16.00	플루오린 9 F 19.00	네온 10 Ne 20.18
소듐 11 Na 22.99	마그네슘 12 Mg 24.31											알루미늄 13 Al 26.98	규소 14 Si 28.09	인 15 P 30.97	황 16 S 32.07	염소 17 Cl 35.45	아르곤 18 Ar 39.95
포타슘 19 K 39.10	칼슘 20 Ca 40.08	스칸듐 21 Sc 44.96	타이타늄 22 Ti 47.87	바나듐 23 V 50.94	크로뮴 24 Cr 52.00	망가니즈 25 Mn 54.94	철 26 Fe 55.85	코발트 27 Co 58.93	니켈 28 Ni 58.69	구리 29 Cu 63.55	아연 30 Zn 65.41	갈륨 31 Ga 69.72	저마늄 32 Ge 72.64	비소 33 As 74.92	셀레늄 34 Se 78.96	브로민 35 Br 79.90	크립톤 36 Kr 83.80
루비듐 37 Rb 85.47	스트론튬 38 Sr 87.62	이트륨 39 Y 88.91	지르코늄 40 Zr 91.22	나이오븀 41 Nb 92.91	몰리브데넘 42 Mo 95.96	테크네튬 43 Tc [98]	루테늄 44 Ru 101.1	로듐 45 Rh 102.9	팔라듐 46 Pd 106.4	은 47 Ag 107.9	카드뮴 48 Cd 112.4	인듐 49 In 114.8	주석 50 Sn 118.7	안티모니 51 Sb 121.8	텔루륨 52 Te 127.60	아이오딘 53 I 126.9	제논 54 Xe 131.3
세슘 55 Cs 132.9	바륨 56 Ba 137.3	루테튬 71 Lu 175.0	하프늄 72 Hf 178.5	탄탈럼 73 Ta 180.9	텅스텐 74 W 183.8	레늄 75 Re 186.2	오스뮴 76 Os 190.2	이리듐 77 Ir 192.2	백금 78 Pt 195.1	금 79 Au 197.0	수은 80 Hg 200.6	탈륨 81 Tl 204.4	납 82 Pb 207.2	비스무트 83 Bi 209.0	폴로늄 84 Po [209]	아스타틴 85 At [210]	라돈 86 Rn [222]
프랑슘 87 Fr [223]	라듐 88 Ra [226]	로렌슘 103 Lr [262]	러더포듐 104 Rf [261]	더브늄 105 Db [262]	시보귬 106 Sg [266]	보륨 107 Bh [264]	하슘 108 Hs [269]	마이트늄 109 Mt [268]	다름슈타튬 110 Ds [271]	뢴트게늄 111 Rg [285]	코페르니슘 112 Cn [285]						

란타넘 57 La 138.9	세륨 58 Ce 140.1	프라세오디뮴 59 Pr 140.9	네오디뮴 60 Nd 144.2	프로메튬 61 Pm [145]	사마륨 62 Sm 150.4	유로퓸 63 Eu 152.0	가돌리늄 64 Gd 157.3	터븀 65 Tb 158.9	디스프로슘 66 Dy 162.5	홀뮴 67 Ho 164.9	어븀 68 Er 167.3	툴륨 69 Tm 168.9	이터븀 70 Yb 173.0
악티늄 89 Ac [227]	토륨 90 Th 232.038	프로트악티늄 91 Pa 231.0359	우라늄 92 U 238.0289	넵투늄 93 Np [237]	플루토늄 94 Pu [244]	아메리슘 95 Am [243]	퀴륨 96 Cm [247]	버클륨 97 Bk [247]	캘리포늄 98 Cf [251]	아인슈타이늄 99 Es [252]	페르뮴 100 Fm [257]	멘델레븀 101 Md [258]	노벨륨 102 No [259]

〈그림〉 밀도(d g/cm³)에 따른 중금속 분류

〈표〉 각 주기에 속하는 중금속 원소와 밀도

4 주기 금속	밀도	5 주기 금속	밀도	6 주기 금속	밀도
		지르코늄	6.511	하프늄	13.31
바나듐	6.11	나이오븀	8.570	탄탈럼	16.65
크로뮴	7.14	몰리브데넘	10.28	텅스텐	19.25
망가니즈	7.47	테크네튬	11.50	레늄	21.03
철	7.874	루테늄	12.37	오스뮴	22.61
코발트	8.90	로듐	12.45	이리듐	22.65
니켈	8.908	팔라듐	12.023	백금	21.45
구리	8.92	은	10.49	금	19.32
아연	7.14	카드뮴	8.65	수은	13.55
갈륨	5.904	인듐	7.31	탈륨	11.85
저마늄	5.323	주석	7.31	납	11.34
		안티모니	6.697	비스무트	9.78
				폴로늄	9.20

뉴(Mo) 등은 독성물질로 작용하는 것이 증명되었다. 따라서 어떤 중금속이 필수원소인지 독성물질로 작용하는 지의 여부는 단지 섭취하는 양의 문제이다. 그 양의 차이는 원소에 따라 다르다.

아래 표에 중금속의 한 분류 방법을 표기 하였다. 중금속 중 인체에 필요한 영양원소도 상대적인 체내 존재량 혹은 필요량에 따라 다량 혹은 미량 영양 원소로 분류할 수 있으며, 인체 및 환경에 독성을 나타내는 대표적 중금속이나 산업이나 생활에서 이용도가 높아 값이 비싼 귀금속 류의 중금속 등으로 나눌 수도 있다.

〈표〉 특성에 따른 중금속 분류

다량 영양원소	코발트(Co), 구리(Cu), 아연(Zn) 및 철(Fe)
미량 영양원소	구리(Cu), 니켈(Ni), 크로뮴(Cr) 및 철(Fe)
독성 원소	카드뮴(Cd), 납(Pb), 은(Ag), 수은(Hg)
귀금속 원소	백금(Pt), 은(Ag), 금(Au)

7.2.2 중금속의 거동

중금속은 일반적으로 대기 속에서는 먼지 형태로 널리 분산되어 수계와 토양에 이른다. 수계에서는 용해되거나 희석되고, 일부는 물에 잘 녹지 않는 탄산염, 황산염 또는 황화염 등으로 침전을 형성하여 수계 토양에 축적된다. 하지만 축적된 중금속도 침전물의 토양이나 퇴적물의 흡착능을 넘어서면 다시 물속에서의 중금속 농도가 증가한다.

대기, 수질, 토양 및 생물계에서의 중금속 순환은 각 중금속 원소의 화학종 변환에 따라 다양한 특성을 나타낸다. 특히 중요한 의미를 띄는 반응은 미생물을 통한 유기 메틸화(biomethylation)인데, 이것은 수은(Hg), 납(Pb), 카드뮴(Cd), 셀레늄(Se) 등 독성이 큰 중금속이 유기 물질이나 생물 물질과 반응하여 유기 금속 화합물을 형성함으로써 인간을 중심으로 한 생물계에 심각한 결과를 일으킨다.

〈그림〉 중금속의 발생과 환경으로의 유입

　환경에서의 거동이 많이 알려진 가장 대표적인 독성 중금속의 한 예로 금속이나 결합 형태로 대기 속에 많은 양이 분포되어 있는 납(Pb: lead)을 들 수 있다. 과거에 자동차의 주행 성능을 개선하기 위하여 휘발유에 첨가하는 안티 녹킹제(anti-knocking)로 막대한 양의 사에틸납(tetraethyllead)을 사용하였다. 점차 무연(lead-free) 휘발유를 사용함으로써 납 배출 문제는 해소되었으나, 기존에 배출된 양은 주변 환경에 많이 남아 여전히 영향을 끼치고 있다. 한편 대기 오염 등으로 인해 납 함유 도료나 건축 재료의 부식이 일어나면서 환경에 유입되는 납 오염이 있으며, 또한 멈추기 어려운 자원 개발 행위로 인하여 광산 주변에서 발생하여 환경으로 유입 되는 납과 같이 여러 요인에 의한 납 오염과 그의 확산은 지속되고 있다.

　한편 중금속으로 인한 환경오염에서 역사적으로도 중요한 의미를 갖는 대표적 중금속인 수은(Hg: mercury)과 카드뮴(Cd: cadmium)이 있는데, 수은은 일상의 하수처리 슬러지에도 들어있고, 카드뮴은 합금 산업, 야광 도료, 비료 그리고 가정

폐기물이나 하수 슬러지 등 다양한 배출원에서 발생하여 여러 경로를 거치면서 인체와 환경에 영향을 끼친다.

(1) 중금속의 발생

중금속은 자연적인 지각 조성 물질에 속하지만, 토양 및 지하자원 개발로부터 시작하여, 광산, 제철, 금속 가공, 시멘트 생산, 발전소를 비롯한 에너지 분야 및 화학 공업 등 수 많은 산업의 다양한 공정에 포함되어 있으며, 폐수나 폐기물 또는 배출가스와 함께 나타나거나 농업 등에서 사용하는 화학물질과 함께 환경 중에 인위적인 오염물질로 유입된다. 그 밖에도 일상적인 중금속 오염으로 도로에서의 자동차 배기가스나 제동장치, 타이어 및 도로 포장재에서의 마모 물질, 그리고 담배연기 속에도 위험한 농도 수준의 중금속이 발견된다.

(2) 중금속의 확산

폐수, 폐기물 혹은 농업 사용 화학 물질 속의 중금속 중 일부는 직접 수계나 토양 속에 유입되기도 하지만 더 많게는 작은 입자상 물질에 결합한 후 지표면에 가라앉기 전에 공기 흐름을 따라 멀리까지 이동한다. 수계나 토양 속의 중금속은 분해되지 않고 농축되거나 지하수계까지 이동하기도 한다. 그 중금속을 식물이나 동물이 섭취하게 되면 생물 농축, 생물 확대 등을 거쳐 사람에게까지 영향을 끼치게 된다.

(3) 중금속의 인체 내 영향

독성 중금속은 대체로 식품이나 음용수를 통해 인체 내 여러 기관에 도달하거나 호흡을 통해 체내에 들어오는데 섭취하는 장소에 따라 주로 위장기관이나 폐에서 재흡수가 일어난다. 그로부터 체액과 함께 간, 신장, 근육, 뼈, 치아 또는 지방조직과 같은 다양한 곳으로 이동하여 축적되거나 일부는 아주 천천히 체외로 배출된다. 따라서 축적된 기관 속이나 조혈 계통 혹은 신경 계통에서 중금속과 관련된 영향이 나타난다. 중금속 마다 각 기관에서의 생화학적인 특성은 다르기 때문에 중금속 중독으로 나타나는 증상도 매우 다양하다.

아래 표에 인체에 관련한 중금속중에서 반드시 필요한 금속 원소와 어느 정도 필요한 원소 그리고 독성을 띄는 원소 몇 가지를 나타내었다. 이 분류는 개략적인 것으로 더 다양한 원소들의 구체적인 인체 영향은 각 원소의 양과 화학반응 특성에 따라 달라진다.

〈표〉 인체에 끼치는 영향에 따른 중금속의 분류의 예

필수원소	철, 아연, 구리, 크로뮴, 코발트, 몰리브데늄, 셀레늄
유용원소	규소, 망가니즈, 니켈, 붕소, 바나듐
독성금속	수은, 카드뮴, 납, 크로뮴, 비소

다음 표에 기술한 것은 몇 가지 중요한 중금속이 사람 몸에 축적될 때 주로 영향을 끼치는 체내 기관과 그때 나타날 수 있는 독성의 몇 가지 예이다.

〈표〉 중금속 영향을 받는 인체 부위와 독성

중금속	영향받는 장기	독성
아연	혈액(blood)	혈독 독성(hemo toxicity)
비소	간(liver)	간 독성(hepato toxicity)
수은과 납	뇌(brain)	신경 독성(neuh toxicity)
카드뮴	신장과 폐 (kidney & lungs)	신 독성 및 폐 독성 (nephron toxicity & pulmono toxicity)

앞서 살펴본 대로 중금속의 종류는 매우 다양하며 각 중금속이 모두 고유의 특성을 갖고 인체나 환경에 영향을 끼칠 수 있다. 여기에서는 환경에서 많이 언급되는 중금속의 예로 크로뮴, 납, 카드뮴 그리고 수은에 대해 알아본다.

7.2.3   토양오염 중금속

(1) 카드뮴(Cd, Cadmium)

카드뮴은 다양한 광물에 매우 소량 존재하는데 대표적으로 아연 광석에 함유되어 있다. 카드뮴의 용도는 염료, 고분자 첨가물, 부식방지제 및 배터리 제조 등에 쓰이는데 오늘날 일부 전자 산업에서는 사용이 금지되어 있다.

인간에 대한 영향은 독성이 매우 크다. 카드뮴은 주로 먹이사슬을 통해 섭취하게 되며, 카드뮴 오염이 심한 곳에서는 손과 입의 접촉을 통해서도 인체에 영향을 끼칠 수 있다. 인체 내에서는 신장과 간 그리고 근육에 축적되는데, 카드뮴에 장기간 노출되면 신장 기능 장애와 같은 만성중독증상이 발생할 수 있다. 이런 영향은 동물에게도 동일하게 나타날 수 있다. 대표적인 사례로는 일본 토야마현에서 1912년경부터 시작되었을 것으로 추정되는 카드뮴 오염 결과에 따라 명명된 이타이이타이병(Itai-itai disease)이 있다.

식물에 대한 영향은 적은 양의 카드뮴이라도 토양비옥도에 영향을 끼친다. 토양을 통해 흡수하는 카드뮴은 식물 내에 농축이 되는데, 농축 정도는 식물 종에 따라 다르다.

(2) 구리(Cu, Cupper)

구리는 지구 표면에 자연적으로 거의 원소 상태로 존재하기도 하고, 다양한 광물에 들어 있기도 한다. 구리의 용도는 매우 폭이 넓어서 고유한 금속이나 합금 생성 등의 금속산업이나 포도 재배나 기타 특수 과일 재배 등에서 살충제로도 사용한다.

구리는 인간에게 필요한 미량원소이지만, 그 양이 지나치게 많아지면 독성물질이 될 수도 있지만 알려진 만성독성은 없으며, 토양 중 구리의 함량이 높아서 인체에 위험이 있는 경우는 매우 드물다.

동물에 대한 영향도 인간과 비슷한데, 가축에게 구리는 필수 원소이고, 필수량과 위해성이 나타나는 양의 경계는 매우 작다. 동물 중에서 양은 구리에 매우 민감한 것으로 알려져 있다.

구리는 식물에도 반드시 필요한 미량 원소이지만, 하지만 토양 중 구리 농도가 높으면 곰팡이와 같은 토양 생물체나 토양 비옥도에 영향을 끼쳐 식물 성장이 장애를 받을 수 있다.

(3) 수은(Hg, Mercury)

수은은 자연 상태에서 지각의 다양한 광물 속에 존재한다. 순수한 상태의 금속 수은은 상온에서 액체이고 휘발성을 나타낸다. 수은의 용도는 일반적으로 온도계, 배터리, 전등과 치과에서 사용되는 아말감 재료 그리고 고분자의 첨가물이나 살충제 제조 등 다양하다.

순수한 금속 수은뿐 아니라 여러 가지 수은화합물들은 인간과 동물 등 살아있는 생물체에 강한 독성을 나타낸다. 수은화합물은 단백질이나 효소와 상호작용하여 체내 신진대사를 방해한다. 이러한 작용으로 인해 수은이 중추신경계를 손상시킨다는 것이 이미 1956년 일본 구마모토현에서 유래한 미나마타병(Minamata disease) 등에서 알려져 있다. 자연 상태에서 수은을 함유하고 있는 석탄 연소는 중요한 수은 배출원의 하나이다. 건강과 환경에 대한 위험성이 크기 때문에 수은 사용은 국내뿐 아니라 국제적으로도 엄격한 규제 하에 관리하고 있다.

식물은 잎이나 뿌리를 통해 수은을 흡수할 수 있는데, 식물 종에 따라 뿌리와 잎에서 흡수하는 정도는 다르다. 식물 독성, 즉 작물 성장 장애가 나타나는 토양의 수은 농도는 식물에 따라 다른데, 밀의 경우 토양 중 수은 농도가 5 ppm 이상에서 식물 독성이 나타나기 시작하고, 일반적으로 50 ppm 이상에서는 모든 식물에 수확 손실이 나타나는 것으로 알려져 있다.

(4) 납(Pb, Lead)

납은 지각에 여러 가지 광물의 조성물질로 존재한다. 납의 산업적 용도는 도료의 성분이나 무기의 재료 그리고 현재는 금지되었지만, 부식방지제 또는 1980년대까지 많이 사용되다가 현재는 대체물질로 바뀐 휘발유 첨가제 등을 들 수 있다.

납은 인간에게 유해한 영향을 끼치는데 토양의 납은 주로 손과 입을 통해 인체에 흡입된다. 납으로 오염된 흙에서 노는 어린이는 위험에 노출되어 있다. 주로 나타나는 위험은 급성 중독에 의해 뇌병변이나 몇 달간에 걸쳐 빈혈이 발생할 수 있으며, 몇 년에 걸친 장기노출이 지속되면 지적 능력 저하, 신경계 이상이나 소화기관 및 신장 장애가 나타날 수 있다.

동물에도 납 중독은 여러 증상을 유발시킬 수 있는데 과잉행동, 방향감 상실, 운동장애 또는 심한 경우 사망을 일으킬 수도 있다. 식물에도 종에 따라 다양한 정도로 축적되며, 곡식이나 뿌리채소, 잎채소 등이 납의 축적에 매우 민감하다.

(5) 아연(Zn, Zinc)

아연은 자연 중 여러 광물에 함께 존재한다. 용도는 합금·야금 등 금속 가공 산업과 부식 방지 등에 쓰인다.

아연은 인간에게 필요한 미량원소이며 인체에 대량으로 유입될 때는 독성을 나타낼 수 있다. 흡입을 통해 많은 양의 아연을 취하는 경우 열이 발생할 수 있으며 경구를 통한 섭취는 위장관에 장애를 가져올 수 있다. 아연에 장기적으로 노출되면 혈구 수와 신장 기능, 생식기능에 변화가 나타날 수 있다. 토양 중의 아연으로 인한 인간 건강 위해 문제는 그 농도가 예외적으로 높은 수준일 경우에만 발생하는 것으로 여겨진다.

Reading Environment

일본 작은 마을이 쓴 세계 역사 - 미나마타병

Chronology of Minamata Disease

1956	A hospital attached to Chisso Co. reported the outbreak of a strange disease to the Minamata Public Health Center.(May 1, the official recognition of Minamata disease)		2004	The Supreme Court decided that the national and prefectural governments were responsible for failing to prevent the spread of Minamata disease.
1959	A research group of Kumamoto University announced that organic mercury might be the cause of Minamata disease.		2005	● The Minister of the Environment announced "On Future Minamata Disease Countermeasures", whose contents include the expansion of the Medical Care Program of Comprehensive Measures on Minamata disease.
1965	Minamata disease occurred in the Agano Basin in Niigata Prefecture.			● Residents filed a claim for state compensation against Chisso and the national and prefectural governments (No-more Minamata State Compensation Suit)
1968	● Chisso stopped production of acetaldehyde. ● The national government stated that the cause of Minamata disease was methylmercury contained in factory effluent from Chisso.		2009	Act on Special Measures Concerning Relief for Victims of Minamata Disease and Solution to the Problem of Minamata Disease promulgated and enacted (July 8)

Our Future Efforts

A conference was held in Kumamoto Prefecture with the participation of about 140 countries and regions worldwide in 2013, and the Minamata Convention on Mercury was adopted, which prohibits the mining, usage, import and export of mercury. (which came into effect in August 2017) At this conference, the governor of Kumamoto Prefecture made the Mercury-Free Kumamoto Declaration, in which Kumamoto takes the initiative to establish a mercury-free society, and the efforts have been ongoing since 2014.

Conference

수은은 주기율표 원소 중 유일한 액체 금속이고, 비교적 큰 반응성을 띠며, 다양한 무기 화합물뿐 아니라 유기 수은 화합물을 형성할 수 있다. 원소 금속과 무기 및 유기 화합물은 물리적 성질과 화학적 성질이 각각 다르므로 수질, 대기, 토양 및 생물권에서의 분포가 다양하고 그 체류시간은 길다.

이 수은화합물들은 환경 유기체나 인체에 대한 독성에도 차이를 나타낸다. 원소 상태의 액체 수은은 수은 증기 확산을 피하면 독성위험은 낮다고 할 수 있고, 무기 수은 화합물보다 유기 수은 화합물 독성이 크다. 이는 유기 화합물의 고유특성으로, 화합물 속의 유기 작용기가 지용성이므로 유기체 내에서 반응하고 잔류하기 쉬우며, 먹이사슬을 거치면서 생물학적 농축이 증가하므로 어류 섭취 등을 통해 체내에 축적될 수 있다. 이러한 화합물 이동이 알지 못하는 사이에 발생한 후 장기간 지속적으로 일어나 수천 명이 사망하고 아직까지도 그 지역의 이름을 딴 미나마타병으로 많은 주민이 고통받고 있는 사례가 있다.

일본 구마모토현의 작은 바닷가 마을 '미나마타'에서의 참담한 역사는 국제적으로 반향을 일으켰다.

독성을 갖는 수은 화합물은 발생한 국가에 국한된 것이 아니고 어디서든 일어나고, 국경을 넘을 수 있는 특성을 띠므로 수은 오염은 전 지구적인 도전과제가 되었다. 수은은 화산활동이나 광물 침식 또는 산불 등에서 자연적으로 지구 환경에 유입되기도 하나 그보다 것보다 훨씬 많은 양이 인간 활동에서 생겨나는데, 대표적으로 가장 심각한 발생원은 소규모 금 채굴 광이다. 광물에서 금을 분리하는데 많은 양의 수은을 사용하면서 작업자는 큰 위험에 노출된다. 그 외에도 시멘트 산업, 석탄연소 및 비철 금속 산업 등에서도 수은이 방출된다.

일본 작은 마을 미나마타에서 발생한 사건은 2013년 유엔 환경 프로그램(UNEP)에서 미나마타 협약(Minamata convention)을 채택함으로써 세계 환경사의 한 사건이 되었다. 이 협약은 인위적인 수은 및 수은화합물 오염으로부터 사람의 건강을 지키고 환경을 보존하자는 것으로, 수은의 채광에서부터 산업제품과 생산공정에서의 수은 이용 그리고 수은 함유 폐기물 처분까지 수은의 전 생애주기에 관한 것이다.

이러한 국제 협약에까지 이른 미나마타 사건은 한 의사의 노력으로 1956년에 공식적으로 처음 수은에 의한 발병을 인정받았으며, 1973년 피해자들과 회사(당시 Chisso)사이에 보상에 관한 합의를 이루었다. 하지만 국가와 지방 정부(미나마타시가 속한 구마모토현)가 미나마타병 확산 방지를 제대로 하지 않았다는 대법원판결은 2004년에서야 나왔다. 국제적으로는 앞서 서술한 대로 2013년 수은에 관한 미나마타협약이 채택되고 약 130여 개의 해당 국가가 가입하였으며 채택된 협약은 2017년 8월부터 발효되었다.

미나마타 사건은 수은에 국한되지 않고 국가마다 환경오염에 대한 인식을 새롭게 하는 중요한 계기가 되었고, 환경문제가 한 지역에 고립되지 않고 전 지구적인 문제가 될 수 있으므로 공동으로 대처해야 함을 인류에게 학습시켜준 세계사적 사건이라고 할 수 있다. 미나마타 사건에 관한 자료는 국제 협약을 이룬 만큼 방대하지만, 아래 소개한 자료들은 발생지인 일본에서의 연구 기록들이다.

첫 번째 자료는 미나마타병의 역사와 현재를 비교적 자세히 기록한 논문이다.

(1) https://www.med.or.jp/english/pdf/2006_03/112_118.pdf
     "The History and the Present of Minamata Disease – Enter to second Half a Century"

두 번째는 국가 책임을 대표하는 일본 환경청의 공식적 자료를 볼 수 있는 웹 주소이다.

(2) https://www.env.go.jp/en/chemi/hs/minamata2002/summary.html
     "Minamata Disease The History and Measures-Summary"

세 번째 자료는 사건 발생의 책임을 갖는 구마모토현에서 초심자들에게 미나마타병을 소개하는 자료로 일반 시민들이 볼 수 있도록 그림 표현 등으로 시선을 끌도록 만든 자료이다.

(3) https://www.pref.kumamoto.jp/uploaded/attachment/17883.pdf
     "Minamata Disease for Biginner – Let'learn anout Minamata Disease"

끝으로 해변가 작은 마을에서 무슨 일이 있었는지, 그로부터 어떤 일들이 진행됐는지를 알려주기 위해 세워진 미나마타병 박물관(Minamata Municipal Museum)의 홈페이지 주소이다.

(4) https://minamata195651.jp/guide_en.html

(1) 다이옥신과 퓨란류(PCDD와 PCDF)

다이옥신(PCDD: Polychlorinated Dibenzodioxins)과 퓨란류(PCDF: polychlorina ted Dibenzofurans)는 주로 연소과정에 염소화합물이 함께 존재하는 경우, 예를 들어 도시 폐기물 소각 공정 등에서 생성되는 물질이다. 210 종(이성체, congener)의 다이옥신과 퓨란이 있지만, 개별 화합물에 따라 독성 차이가 크다. 이 중 인간과 생태계에 위해한 생물학적 독성을 나타내는 것은 17개 정도이다.

주요 발생원은 폐기물 소각시설, 노천이나 가정용 시설에서의 불법소각, 모터 연소 과정, 금속 재활용 시설과 같은 인간의 활동 뿐 아니라 산불이나 화산활동과 같은 자연 활동에서도 발생하며, 연소 후 대기권을 거쳐 토양에 유입된다.

다이옥신과 퓨란은 인간에게 매우 위험한 독성물질이다. 그 중 일부는 인간에 대한 독성이 가장 큰 유해 물질로 여겨진다. 이 방향성 유기화합물은 지용성이어서 특히 인체 내 지방 조직이나 모유 등에 축적이 잘 일어난다. 이 화합물에 단기적이나 장기적으로 노출되는 경우 여드름과 같은 피부질환과 호르몬 불균형 등이 나타날 수 있으며, 암 발생위험이 높아지는 것으로 알려져 있다.

다이옥신과 퓨란의 독성위험은 동물에서 더 크게 나타난다. 동물이 먹이를 통해 이 독성물질을 흡수하는데, 오염된 토양에서 직접 섭취하기도 하고, 대기권의 오염물질이 토양을 통해 이동해 간 사료 식물을 섭취할 수 있다. 이 물질은 젖소의 우유와 가금류의 알에 축적된다.

식물에 끼치는 영향은 주로 대기권의 오염물질이 침적되면서 나타나고 특히 잎채소가 받는 변화가 크다. 다이옥신과 퓨란이 토양을 통해 식물에 흡수되는 것은 비교적 적으며 뿌리식물에서의 축적은 주로 뿌리의 바깥 세포층에 머문다.

다이옥신과 퓨란류가 환경에서 특별한 오염물질로 여겨지는 것은 화학적으로 혹은 생물학적으로 분해가 잘 일어나지 않는, 혹은 분해가 되지 않는 특성 때문이다. 이러한 특성은 생태계에 오랫동안 잔류하므로 특별한 관리가 필요한 환경 유해 물질이다. 한편 이 물질들은 대기권을 통해 그대로 이동할 수 있으므로 한 지역, 한 국가에 국한된 문제가 아닌 전 지구적인 환경오염물질이며, 이러한 물질들은 잔류성유기오염물질(POPs: Persistent Organic Pollutant)로써 국제적 공동 관리를 필요로 한다.

(2) 다환 방향족 탄화수소류

다환 방향족 탄화수소류(PAH: Polycyclic Aromatic Hydrocarbon) 에는 100 가지가 넘는 화합물이 있다. 이 화합물들은 석탄, 석유, 목재 혹은 담배 등의 불완전 연소에서 생성될 수 있다.

PAH는 석탄과 석유의 천연성분이기도 하다. 이 물질들은 대기권에서 입자상 검댕이의 침착이나 재(Ash)에서 유리되어 토양에 이르게 된다. 지금은 사용이 금지되었지만, 타르 기름을 내부까지 침투시킨 철도 침목과 같은 목재류에 많은 양의 PAH가 존재한다.

인간이 PAH에 장기간 노출되면 폐암이나 피부암 등의 암 유발 가능성이 있으며, 인체 내에서 돌연변이를 유발하거나 호르몬 이상을 일으킬 수 있다. 다환 방향족 탄화수소류 화합물 중에서도 Benzo(a)pyren이 암 유발성이 높은 가장 독성이 큰 물질로 알려져 있다. 동물에 대해서는 인간에 끼치는 영향과 동일한 것으로 여겨진다.

식물에 끼치는 영향은 다이옥신류에서와 같이 대기 퇴적 과정을 거쳐 오염이 나타난다. 따라서 잎채소와 잎이 큰 식물이 가장 영향을 많이 받으며, 토양을 통한 흡수는 적고 그 영향은 식물 뿌리의 바깥 세포 정도에 국한된다.

(3) 폴리염화비페닐류

폴리염화비페닐류(PCBs: Polychlorinated Biphenyls)는 200가지가 넘는, 화학적으로 합성되는 방향족 유기염소화합물을 가리킨다. 이 화합물들은 화학적으로 매우 안정하고 물리적 특성도 우수하여 불연성, 내연성, 내부식성 및 전기절연성이 크고, 휘발성이 낮고 물에 대한 용해도가 극히 낮은 물질들이다.

환경에서 검출되는 PCB의 주요 출처는, 우수한 물리, 화학적 물성에 따라 1930년대부터 80년대까지 산업체에서 전자 부품, 유압유, 윤활유 및 열교환기의 절연체와 냉각 유체 등 다양한 용도에 사용한 것에 따른다. PCB 제조와 사용은 1986년 스위스에서부터 금지되었지만, 산업에서 다양하게 사용되었던 물질은 대기 침적이나 저장했던 곳의 오염 그리고 지금은 금지된 하수 슬러지 퇴비화 들을 통해 토양에 유입되어 지금까지 남아있다.

인간에게 끼치는 급성 중독 위험은 낮지만, 다른 방향족 유기 화합물들과 마찬가지로 화학적, 생물학적 분해가 잘 일어나지 않고 환경에 장기간 잔류하며 지용성이어서 인체 내 지방 조직과 모유 등에 축적이 일어난다. 따라서 임산부가 PCB에 노출되는 경우 태아에게 유해하다. 장기적인 노출은 인간의 면역체계를 약화시키거나 방해할 수 있으며 일부 발암물질로 의심되기도 한다.

　동물에 끼치는 영향은 PCB에 오염된 토양을 직접 흡수하거나 오염된 토양에서 자란 식물을 섭취하는 경우이다. 사료 식물에 축적되는 것은 또 다른 문제이다. 동물에게 나타나는 위험성은 인간과 유사하다. 식물에 끼치는 영향은, 식물이 뿌리를 통해 PCB를 흡수하기는 하지만 식물 내 농축은 잘 일어나지 않고, 감자, 무, 고구마 등과 같은 알뿌리 식물은 잎채소보다는 더 많은 PCB를 함유하고 있는 것으로 알려져 있다.

7.4 산성 광산 배수

석탄이나 금속 등을 채굴하는 광산 혹은 광산 폐기물이 쌓인 곳에서 흘러나오는 물로, 산도가 매우 높고 용존 금속 농도가 큰 배수를 일컫는다. 이는 지표·지하자원 개발이 행해지는 대부분의 곳에서 나타나는 중요한 환경문제이다.

금, 은 등의 귀금속 뿐 아니라 철, 구리, 납, 아연 등의 개별 광산 혹은 여러 금속이 동시에 채굴되는 금속 광산이나 석탄 채굴은 인류 역사와 함께 시작되었고 산업화 이후에는 대량 작업이 가능해졌다. 광산 개발 과정에서 폭파와 채굴 작업 그리고 광산 종료에 이르는 동안의 배수 체계와 폐기물 적치, 광산 종료 후 배수펌프의 제거, 지하수위의 상승 등은 산성 광산 배수(Acid Mine Drainage: AMD)가 발생되는 여건을 이루게 된다.

7.4.1 산성 광산 배수의 화학

석탄이나 여러 광산 광물질과 폐기물 중 황화철광(Pyrite)과 같은 황 함유 광물이 중화되는 과정에서 지화학적인 반응과 미생물 반응을 거친다. 공기, 물, 박테리아 등이 존재하는 환경에서 황 함유 광물이 산화하면 황산이 형성되고 그에 따라 주변 수역의 산도가 증가할 수 있다. 그렇게 형성된 pH가 낮은 물/광물 경계 영역에서는 금속의 용출이나 용해가 일어나고 물속의 중금속 농도는 증가한다.

이러한 산성 광산 배수의 발생 과정은 다음과 같은 화학 반응으로 기술할 수 있다.

물과 산소가 존재할 때 황 함유 광물(황화철, Pyrite)은 철, Fe(III)과 황산염 수소 이온으로 분해된다.

$$2FeS_2 + 7O_2 + 2H_2O \rightleftharpoons 4Fe^{2+} + 4SO_4 + 4H+$$

Fe(II)이 Fe(III)으로 산화하는 다음 반응은 속도 결정 단계(Rate Determining Step)에 해당한다.

$$4Fe^{2+} + 7O_2 + 2H_2O \rightleftharpoons 4Fe^{3+} + 2H_2O$$

Fe(III)은 가수분해하여, pH 3.5 이상에서는 수산화철, Fe(OH)$_3$, 침전이 일어난다.

$$2Fe^{3+} + 12H_2O \rightleftharpoons 4Fe(OH)_3 + 12H^+$$

위 반응에서의 Fe^{3+}는 추가적인 Pyrite의 산화에서 산화제로 작용하여 순환과정을 통해 자기확산 단계(Self-Propagating Step)를 거친다.

$$FeS_2 + 14Fe^{3+} + 8H_2O \rightleftharpoons 15Fe^{2+} + 2SO_4^{2-} + 16H^+$$

이로써 산성 광산 배수 생성에 관한, 전체를 나타내는 총괄 화학 반응식은 다음과 같이 쓸 수 있다.

$$4FeS_2 + 15O_2 + 14H_2O \rightleftharpoons 4Fe(OH)_3 + 8H_2SO_4$$

아래의 사진은 산성 광산 배수를 생성하는 주 원인 물질인 황화철 광물과 그의
반응으로 산도가 매우 낮아진 수역의 바닥에 형성된 철 침전물을 보여 준다.

〈그림〉 황화철 광물과 광산배수 침전물

7.4.2   산성광산 배수의 영향

산성 광산 배수가 수질 계에 끼치는 직접 영향은 물의 산도를 증가시키고 산소
결핍을 유발한다. 산성 광산 배수의 화학적인 특성은 광물의 풍화작용을 심화시켜
광물속의 중금속이나 독성 원소가 주변 수계로 유입되기도 한다. 또한 지각에 가
장 흔한 원소 중 하나인 철 수산화물, $Fe(OH)_3$ 이 수계에 침전을 형성함으로써 주
변 물이나 바위 표면을 옅은 오렌지색으로 착색시킨다.

물의 pH가 낮아지고 용존 산소량이 감소함으로써 수중생물계에 적합하지 않은
수환경이 되기도 한다. 색을 띠는 $Fe(OH)_3$ 침전 생성물은 물의 탁도를 증가시킴으
로써 수계의 광합성 능력을 떨어뜨리고, 물고기의 아가미가 막히거나 저서 생물의
호흡 방해, 조류 발생 혹은 직접적인 독성 발현이나 황폐한 수중 서식지에서 토양
입자 간극 막힘 등 여러 가지 생태계 교란을 일으키기도 한다. 또한 수중 식물이
사라지면서 물 흐름이 변하고 수중 서식지 환경에 관련된 생물체들이 영향을 받는
다. 한편 인간 생활에서도 관련되어 배관이나 펌프, 교량의 부식, 정수 설비 교란,
양어장 폐해 등의 영향이 나타날 수 있다.

이동석   • 뮌헨공과대학교 화학생물지질학부 이학박사

        • (현) 강원대학교 환경공학과 교수

환경화학

1판 1쇄 인쇄   2023년 02월 22일
1판 1쇄 발행   2023년 02월 28일
저   자 이동석
발 행 인 이범만
발 행 처 **21세기사** (제406-2004-00015호)
경기도 파주시 산남로 72-16 (10882)
Tel. 031-942-7861   Fax. 031-942-7864
E-mail : 21cbook@naver.com
Home-page : www.21cbook.co.kr
ISBN 979-11-6833-075-7

정가 25,000원